青海省农作物主要病虫草害

识别与防控

QINGHAI SHENG NONGZUOWU ZHUYAO BINGCHONGCAOHAI
SHIBIE YU FANGKONG

青海省农业技术推广总站 ◎ 组编

徐淑华 ◎ 主编

中国农业出版社

北 京

编写人员名单

主　编：徐淑华

副主编：白惠义　王　生　钟彩庭

　　　　　张晓梅　张海霞

参　编（按姓氏笔画排序）：

　　　　　王桂兰　任利平　许绍全

　　　　　李秋荣　何迎昌　张燕霞

　　　　　卓富彦　周　阳　秦建芳

FOREWORD 前言

近年来，随着农业生产的迅速发展，农作物新品种的引进，品种间南北方频繁交流，机械化收割等技术变革，以及气候变化的影响，青海省农作物病虫草害种类不断增加。农作物受病虫草危害后，可造成重大产量损失，有的病原还会产生毒素，严重影响农产品品质，甚至导致人畜中毒。

农作物病虫草害的正确识别是其防控的基础，为了较好地推广普及农作物病虫草害诊断识别与防控技术，结合作者及同行们多年的科研实践经验和研究结果，编撰了《青海省农作物主要病虫草害识别与防控》。该书全面系统地介绍了青海省农业生产上重要的病虫草害，集成了植保领域的新理念、新成果、新技术，涉及小麦、油菜、马铃薯、青稞、蚕豆、玉米、藜麦、枸杞、番茄、黄瓜、辣椒、草莓、白菜、葱、果树等20余种农作物的重要病虫草害，其中病害116种，虫害71种，草害23科，详细介绍了农作物重要病虫草害的形态特征、发生规律、防控方法，考虑了社会、经济、生态效益，重点突出农业防治、物理防治、生态调控、生物防治等的协调控制作用。为了便于识别，附有大量彩色图片，有很强的实用性，是广大农业科技人员、基层植保人员、农业生产技术人员等参考的重要资料。

本书在编撰过程中，得到了青海省各地（市）、县（区）农业（蔬菜）技术推广中心（站）、全国农业技术推广服务中心、中国农业科学院、中国农业大学、青海省农林科学院、河北农业大学、四川农业大学、四川省甘孜藏族自治州植物保护站、山西农业大学等单位和专家的大力支持和帮助，保证了按计划顺利编撰完成，在此一并致谢。

由于作者专业水平有限，在资料的收集、取舍以及文字叙述等方面内容不当之处，敬请读者批评指正，以利修改和提高。

编 者

2024年7月

CONTENTS　目　录

第一章　小麦主要病虫害

小麦是青海省的主要农作物之一，常年种植面积152万亩*左右。近年来随着全球气候变暖和极端天气频发，小麦种植的连作、重茬、病虫害防治不及时等原因，病虫害种类越来越多，为害越来越重，影响其产量和品质。小麦条锈病、小麦散黑穗病、小麦黄矮病、小麦孢囊线虫病、麦穗夜蛾、蚜虫、麦茎蜂等是当地常发病虫害，常年小麦病虫害发生面积190万亩次。

第一节　小麦主要病害

1. 小麦条锈病

小麦条锈病是小麦上发生范围广、为害程度重的一种病害。条锈病在青海省各小麦种植区常年发生，以半浅半脑、脑山地区受害较重。青海省海拔高、气温低，是小麦条锈病菌的越夏基地。

【病原】条形柄锈菌小麦专化型（*Puccinia striiformis* West. f. sp. *tritici*），属担子菌亚门真菌。

【症状】条锈病主要发生在叶片上，其次是叶鞘和茎秆，穗部、颖壳及芒上也有发生。苗期染病，幼苗叶片上产生多层轮状排列的鲜黄色夏孢子堆。成株叶片初发病时夏孢子堆为小长条状，鲜黄色，椭圆形，与叶脉平行，且排列成行，呈虚线状，后期表皮破裂，出现锈色粉状物；小麦近成熟时，叶鞘上出现圆形至卵圆形黑褐色夏孢子堆，散出鲜黄色粉末，即夏孢子。后期病部产生黑色冬孢子堆。冬孢子堆短线状，扁平，常数个融合，埋伏在表皮内，成熟时不开裂。

【发生规律】小麦条锈病是一种低温病害，不耐高温。小麦条锈病于5月初在低海拔川水地区冬小麦田始发。从5月中旬开始，根据当年的降水、气温、小麦生长期等情况，扩散路径由东向西、由低海拔地区向高海拔地区、由川水地区水浇地向干旱山地及

小麦条锈病叶片症状

小麦条锈病穗期症状

* 亩为非法定计量单位，15亩=1公顷。——编者注

1

高寒山旱地逐步蔓延，7月中旬至8月在春小麦种植区普遍发生；春小麦从孕穗期至蜡熟期均可感病，河谷水浇地多为抽穗期感病，干旱山地和高寒山区根据当年气候情况多在扬花、灌浆期感病；发病叶位多在5叶以上，以旗叶较多；不同年份、不同地区发病面积和严重程度差异较大，盛发期多在抽穗、扬花、灌浆、乳熟期；各地分布不均匀，半浅半脑、脑山地区发病最重；8月中旬至10月下旬低海拔川水地区小麦自生麦苗可见条锈病孢子。

【防控措施】小麦条锈病是生理专化性强、再侵染频繁、流行性强的病害，防治必须采取"预防为主、综合防治"的措施。

（1）农业防治。以选育和种植抗病品种为主，推广种植抗病品种是防治条锈病的根本途径。合理密植，田间密度过大有利于条锈病的发生和流行。合理施肥，单纯或过多施用氮肥，常使锈病发生严重。4月中旬至5月下旬，小麦种植区周边铲除小檗或在小檗发芽前喷施杀菌剂，切断病原菌向小麦的传播。

（2）化学防治。对田间早期出现的中心病株要及时喷药控制，防止蔓延。当田间病叶率达0.5%～1%时立即进行全田普治，每亩可用20%三唑酮乳油50～80mL，或12.5%丙环唑乳油8～9g，或20%氰戊·三唑酮乳油50mL兑水75～100kg喷雾防治，并及时查漏补喷。重病田要进行二次喷药。

2. 小麦散黑穗病

【病原】散黑粉菌 [*Ustilago tritici* (Jens.) Rostr.]，属担子菌亚门黑粉菌科真菌。

【症状】主要在穗部发病，病穗比健穗较早抽出。最初病小穗外面包一层灰色薄膜，成熟后破裂，散出黑粉（病菌的厚垣孢子），黑粉吹散后，只残留裸露的穗轴，病穗上的小穗全部被毁或部分被毁。一般主茎、分蘖都出现病穗，但在抗病品种上有的分蘖不发病。小麦同时受腥黑穗病菌和散黑穗病菌侵染时，病穗上部表现为腥黑穗，下部表现为散黑穗。散黑穗病菌偶尔也侵害叶片和茎秆，在其上长出条状黑色孢子堆。

【发生规律】典型的种传病害，带菌种子是病害传播的唯一途径。散黑穗病一年侵染一次，是经花器侵染的系统病害。病菌以菌丝潜伏在种子胚内，外表不显症，当带菌种子萌发时，潜伏的菌丝也开始萌发，随小麦生长发育经生长点向上发展，侵入穗原基。孕穗时，菌丝体迅速发展，使麦穗变为黑粉。厚垣孢子随风落在扬花期的健穗上，在胚珠被未硬化前进入，潜伏其中，种子成熟时，菌丝胞膜略加厚，在其中休眠，当年不表现症状，翌年发病，并侵入第二年的种子潜伏，完成侵染循环。小麦扬花期空气湿度大，常阴雨天利于孢子萌发侵入，带病种子多，翌年发病重。

小麦散黑穗病症状

【防控措施】

（1）农业防治。一是选用抗病品种；二是建立无病种子田，抽穗前拔除病株。

（2）化学防治。播前种子处理，用6%戊唑醇悬浮种衣剂30～40g兑水1.5～2kg，拌种100kg。或用25%三唑酮可湿性粉剂按种子量0.2%～0.3%拌种。发病初期，用20%三唑酮乳油45～60mL或70%甲基硫菌灵粉剂50～70g兑水喷雾防治。

3. 小麦白粉病

【病原】布氏白粉菌小麦专化型（*Blumeria graminis* f. sp. *tritici*），属子囊菌亚门真菌。

【症状】初发病时，叶面出现1～2mm的白色霉点，后逐渐扩大为近圆形至椭圆形白色霉斑，霉斑表面有一层白粉，遇有外力或振动立即飞散，即菌丝体和分生孢子。后期病部霉层变为灰白色至浅褐色，病斑上散生有针头大小的小黑粒点，即病原菌的闭囊壳。子囊壳一般在小麦生长后期形成，成熟后在适宜温湿度条件下开裂，放射出子囊孢子。

【发生规律】病菌可以在夏季气温较低地区的自生麦苗或春播小麦上侵染繁殖度过夏季，也可通过病残体上的闭囊壳在干燥和低温条件下越夏。病菌越冬方式有两种，一是以分生孢子形态越冬，二是以菌丝体潜伏在寄主组织内越冬。越冬病菌先侵染底部叶片，呈水平方向扩展，后向中上部叶片发展，发病早期发病中心明显。冬麦区春季发病菌源主要来自当地。春麦区，除来自当地的菌源外，还来自邻近发病早的地区。该病发生适温15～20℃，低于10℃发病缓慢。相对湿度大于70%可能造成病害流行。干旱少雨不利于病害的发生，降雨过多也不利于分生孢子的形成和传播。

小麦白粉病叶片症状

小麦白粉病茎症状

小麦白粉病穗症状

【防控措施】

（1）农业防治。适当密植，防止苗期过密过旺；均衡施肥，防止氮肥过多。改善田间通风透光条件，降低田间湿度，提高植株抗病性。

（2）拌种防治。秋苗发病较重的地区，按种子重量0.03%的苯醚甲环唑进行拌种防治，兼治根部病害，注意用药量过大影响出苗。

（3）药剂防治。发病初期喷药防治，可选药剂有嘧菌酯、醚菌酯、三唑酮、戊唑醇、烯唑醇、丙环唑、氟环唑等。

4. 小麦白秆病

【病原】小麦壳月孢（*Selenophoma tritici* Liu，Guo et H.G.Liu），属子囊菌亚门真菌。

【症状】大多在拔节或孕穗期开始出现病症，典型症状是在小麦受害的叶、叶鞘、茎秆上产生黄褐色的条斑。从叶片基部产生与叶脉平行、向叶尖扩展的水渍状条斑，初为暗褐色，后变草黄色，边缘色深，黄褐色至褐色，每片叶上常生2～3个宽为3～4mm的条斑；条斑愈合，叶片即干枯。叶鞘病斑与叶片病斑相似，常产生不规则的条斑，从茎节起扩展至叶片基部，轻时出现1～2个条斑，宽约2.5mm，灰褐色至黄褐色，严重时叶鞘枯黄。茎秆上的条斑多发生在穗颈节，少数发生在穗颈节以下1～2节，症状与叶鞘相似。斑点型症状叶片上产生圆形至椭圆形草黄色病斑，四周褐色，后期叶鞘上生长方形角

小麦白秆病症状

斑，中间灰白色，四周褐色，茎秆上也可产生褐色短条斑。病菌生长温限0～20℃，最适为15℃，25℃生长受抑。

【发生规律】病菌以菌丝体或分生孢子器在种子和病残体上越冬或越夏。在低温干燥条件下，种子种皮内的病菌可存活4年，其存活率随贮藏时间下降。土壤带菌也可传病，但病残体一旦翻入土中，其上携带的病菌只能存活2个月。在田间早期出现病害后，病部可产生分生孢子器，释放出大量分生孢子，侵入寄主组织，使病害扩展。该病流行程度与当地种子带菌率高低、小麦品种的抗病程度及小麦拔节后期开花至灌浆阶段温湿度高低及田间小气候有关。7—8月多雨、气温偏低利于该病流行。向阳的山坡地，气温较高，湿度低，通风良好则发病轻；背阴的麦田，温度偏低，湿度偏大则发病重。小麦品种间抗病性有差异。

【防控措施】

（1）农业防治。选用抗病品种，建立无病留种田，播种无病种子。对病残体多的麦田，要实行轮作，以减少菌源。

（2）化学防治。种子处理，用种子量0.3%的50%多菌灵可湿性粉剂、25%三唑酮可湿性粉剂20g拌10kg种子，拌后闷种20d。田间出现病株后，喷洒50%甲基硫菌灵可湿性粉剂800倍液。

5. 小麦赤霉病

小麦赤霉病不仅影响小麦产量，而且可以降低小麦品质，使蛋白质和面筋含量减少，出粉率降低，加工性能受到明显影响，同时，病麦中含有多种毒素如脱氧雪腐镰孢烯醇和玉米赤霉烯酮，可引起人畜中毒，发生呕吐、腹痛、头晕等现象，严重发生此病的小麦不能食用。受气候条件等影响，青海省部分地区近年来小麦赤霉病时有发生。

【病原】禾谷镰孢（*Fusarium graminearum* Schw.）和燕麦镰孢 [*Fusarium avenaceum*（Fr.）Sacc.]等多种镰孢菌，均属子囊菌亚门真菌。

【症状】从幼苗到抽穗都可发生。小麦苗期受害先是芽变褐，根冠随之腐烂，病苗黄瘦或死亡，湿度大时枯死苗产生粉红色霉状物；扬花期受害，在小穗和颖片上产生水渍状浅褐色斑，渐扩大至整个小穗，小穗枯黄，湿度大时，病斑处产生粉红色胶状霉层，后期其上产生密集的蓝黑色小颗粒（病菌子囊壳），触摸有突起感觉，籽粒干瘪并伴有白色至粉红色霉层，小穗发病后扩展至穗轴，病部枯褐，使被害部以上小穗形成枯白穗；茎基腐自幼苗出土至成熟均可发生，麦株基部组织受害后变褐腐烂，致全株枯死；秆腐多发生在穗下第一、二节，初在叶鞘上出现水渍状褪绿斑，后扩展为淡褐色至红褐色不规则形斑或向茎内扩展，严重时造成病部以上枯黄，不能抽穗或抽出枯黄穗，气候潮湿时病部表面可见粉红色霉层。

【发生规律】病菌在麦株残体、带病种子和其他植物等病残体上以菌丝体或子囊壳越冬，次年条

小麦赤霉病病穗与健穗

件适宜时产生子囊壳放射出子囊孢子进行侵染。主要通过风雨传播。春季气温7℃以上，土壤含水量大于50%形成子囊壳，气温高于12℃形成子囊孢子。在降雨或空气潮湿的情况下，子囊孢子成熟并散落在花药上，经花丝侵染小穗发病。赤霉病不但影响小麦产量，还引起小麦籽粒腐败变质，该病菌分泌的毒素还能使人畜中毒。小麦抽穗至扬花末期最易受病菌侵染（此时正遇病残体上子囊孢子产生的高峰期），乳熟期以后，除非遇上特别适宜的阴雨天气，一般很少侵染。小麦抽穗后降雨次数多，降水量大，日照时数少是构成小麦赤霉病大发生的主要原因。影响苗期发病的主要因素是种子带菌，土壤带菌则与茎基腐发生轻重有一定关系。

【防控措施】

（1）农业防治。麦收后，及时深耕灭茬是减少菌源的重要途径。选用无病种子，若种子可能带菌，应进行种子消毒或拌种。适期早播，施足底肥，增施磷、钾肥，合理灌溉，后期不可过量追施氮肥，适时适量进行根外追肥，促进植株健壮生长，提高抗病能力。

（2）药剂防治。用多菌灵拌种，或用咯菌腈或苯醚甲环唑等种衣剂包衣防治芽腐或苗枯。抽穗扬花期，于小麦10%扬花时进行第一次喷药防治，每亩用40%多菌灵胶悬剂120g、80%多菌灵超微粉50g，或70%甲基硫菌灵可湿性粉剂100g，兑水40kg喷雾。发病重时，一周后补喷一次。

6. 小麦根腐病

【病原】禾旋孢腔菌 [*Cochliobolus sativus* (Ito et Kurib.) Drechsl.]，属子囊菌亚门真菌。

【症状】为害小麦幼苗、成株的根、茎、叶、穗和种子。气候条件不同症状不同。在干旱半干旱地区，多引起茎基腐、根腐；多雨地区除以上症状外，还引起叶斑、茎枯、穗颈枯。幼苗期芽鞘和根部变褐甚至腐烂，分蘖期根茎部产生褐斑，叶鞘发生褐色腐烂；成株期在叶片或叶鞘上，最初产生黑褐色梭形病斑，以后扩大变为椭圆形或不规则形，中央灰白色至淡褐色，边缘不明显。空气湿润和多雨期间，病斑上产生黑色霉状物，用手容易抹掉。叶鞘上的病斑还可引起茎节发病。穗部发病小穗梗和颖片变为褐色。在湿度较大时，病斑表面也产生黑色霉状物。种子受害时，病粒胚尖呈黑色，重者全胚呈黑色，病斑梭形，边缘褐色，中央白色，称为"花斑粒"。

小麦根腐病症状

【发生规律】小麦根腐病菌以分生孢子黏附在种子表面与菌丝体潜伏在种子内部或田间病残体上越夏、越冬；土壤带菌和种子带菌是苗期发病的初侵染源。当种子萌发后，病菌先侵染芽鞘，后蔓延至幼苗，病部长出的分生孢子，可经风雨传播，进行再侵染。不耐寒或返青后遭受冻害的麦株容易发生根腐，高温多湿有利于地上部分发病，24～28℃时，叶斑的发生和坏死率迅速上升，在25～30℃时，有利于发生穗枯。重茬地块发病逐年加重。

【防控措施】

（1）农业防治。轮作倒茬，及时耕翻灭茬。与油菜、马铃薯、蚕豆等作物倒茬，与非寄主作物轮作1～2年。

（2）种子处理。播种前精选种子，选用无黑胚的种子。用6%戊唑醇悬浮种衣剂10g拌小麦种子15kg，将拌好的小麦种子放在阴凉干燥处晾干，一般堆闷种时间不超过30min。不可长时间闷种，严禁在太阳下暴晒。或用3%苯醚甲环唑悬浮种衣剂按200～600g拌种100kg，晾干后播种。

（3）药剂防治。发病初期及时喷药防治，可选用药剂有氰烯菌酯、戊唑醇、多菌灵、烯唑醇、丙环唑等。

7. 小麦全蚀病

小麦全蚀病是一种典型的根部病害，除为害小麦外，还能为害大麦、黑麦、玉米、燕麦等禾本科作物及禾本科杂草。

【病原】禾顶囊壳禾谷变种 [*Gaeumannomyces graminis* var. *graminis* (Sacc.) Walker] 和禾顶囊壳小麦变种 [*Gaeumannomyces graminis* (Sacc.) Arx et Oliver var. *tritici* (Sacc.) Walker]，均属子囊菌亚门真菌。

【症状】小麦全蚀病为根部病害，只侵染麦根和茎基部 1 ~ 2 节。苗期病株矮小，下部黄叶多，种子、根和地中茎变成灰黑色，严重时造成麦苗连片枯死。分蘖少，病株根部大部分变黑，在茎基部及叶鞘内侧出现较明显的灰黑色菌丝层；抽穗后田间病株成簇或点片状发生早枯白穗，病根变黑，易于拔起。在茎部表面及叶鞘内布满紧密交织的黑褐色菌丝层，呈"黑脚"状，后颜色加深呈黑膏药状，上密布黑褐色颗粒状子囊壳，是全蚀病区别于其他根部病害的典型症状。

小麦全蚀病症状

【发生规律】小麦全蚀病是一种土传病害，病原菌在小麦整个生育期都可以侵染，最适温度为 10 ~ 20℃。病菌主要以菌丝体随病残体或混有病残体未腐熟的粪肥及混有病残体的种子上越冬、越夏。小麦播种后，菌丝体从麦苗的根冠区、根茎下节、胚芽鞘等处侵入。由于茎基部受害腐解，阻碍了水分、养分的吸收、输送，致使病株陆续死亡，田间出现白穗。

【防控措施】

（1）农业防治。轮作倒茬，增施有机肥，加强田间管理。

（2）化学防治。用 70% 甲基硫菌灵可湿性粉剂 2 ~ 2.5kg 拌土 15kg，均匀撒施于地面，耕翻进行土壤处理，或播前采用苯醚甲环唑、戊唑醇、三唑醇拌种，拌种方法同根腐病。

8. 小麦雪腐叶枯病

【病原】雪腐格氏霉 [*Fusarium nivale* (Fr.) Ces.]，属子囊菌亚门真菌。

【症状】从小麦拔节到成熟前都可发病，以孕穗至灌浆期为害较重。主要为害叶片。开始在麦株下部叶片或叶鞘上形成深褐色或暗褐色斑点，大小不一，多呈梭形，有明显的边缘。潮湿时病斑逐渐扩大，向上部叶片蔓延。有时几个病斑可愈合成不规则形大斑。在病斑中部常覆有很薄的砖红色霉状物，病斑边缘有白色菌丝薄层。天晴后，病斑处干枯破裂。叶片基部及叶鞘处产生较大病斑，常使叶片全部或大部分干枯死亡。

【发生规律】病菌可通过种子传播，也通过土壤传播。起最大作用的是病株残体上子囊壳所释放的子囊孢子。小麦出苗后，释放出的子囊孢子侵染麦苗，形成初侵染。7—8月，特别是小麦扬

小麦雪腐叶枯病叶片症状

花前后，多雨潮湿的天气下，病菌借气流迅速传播，出现发病高峰。

【防控措施】

（1）农业防治。选用无病种子，适量播种，避免大水漫灌。

（2）化学防治。采用三唑酮可湿性粉剂拌种；扬花至灌浆期使用烯唑醇、三唑酮、多菌灵、甲基硫菌灵、异菌脲等喷施。

9. 小麦黄矮病

【病原】大麦黄矮病毒（*Barley yellow dwarf virus*，BYDV），属黄矮病毒组。大麦黄矮病毒主要侵染小麦、大麦等禾本科作物及野燕麦、鹅观草等100多种禾本科杂草。

【症状】多发生在拔节以后。典型症状是新生叶片从叶尖开始发黄，随后出现与叶脉平行但不受叶脉限制的黄绿相间的条斑，引起叶片大部分或全部黄化。病叶光滑，变厚而较脆硬，易于折断。病株重者不能抽穗，能抽穗者，籽粒瘦秕。感病较晚的病株，仅顶部第一、二片叶变成鲜黄色，植株矮化不明显，能抽穗，但粒重减轻。黄矮病为害青稞，症状与小麦相似。

小麦黄矮病症状

【发生规律】小麦黄矮病的发生与为害首先取决于有无毒源。病毒只能经由麦二叉蚜等蚜虫活体进行持久性传毒，麦蚜发生早、密度大、迁飞率高，黄矮病发生率就高，小麦受害就重。小麦黄矮病一般是冬小麦早播重，适期迟播轻；阳坡地重，阴坡地轻；旱地重，水浇地轻；路边地头、杂草丛生的地块重，精耕细作、小麦长势好的地块轻；缺肥、缺水、盐碱地重。此外，发生轻重还与麦蚜虫口密度、带毒率以及气候因素、耕作栽培条件等有关。温度和降水量影响蚜虫的发生时间和数量，进而影响小麦黄矮病的发生时间和程度。小麦在拔节孕穗期遇低温或倒春寒，生长发育受影响，抗病性弱，也易发生小麦黄矮病。

【防控措施】

（1）农业防治。种植抗（耐）病品种；适时播种，避免早播；清除田间杂草，减少病毒寄主；对已发病田块，增加肥水管理，可减少损失。

（2）化学防治。及时防治蚜虫是预防黄矮病流行的有效措施，可用种子量0.5%的10%吡虫啉可湿性粉剂拌种。蚜虫发生期喷施5%氯氟氰菊酯乳油1 000～1 500倍液，或10%吡虫啉可湿性粉剂1 500倍液。

10. 小麦孢囊线虫病

【病原】燕麦孢囊线虫（*Heterodera avenae* Wollenweber），属孢囊线虫属。

【症状】为害小麦、大麦、燕麦、黑麦等27属34种植物。受害小麦幼苗矮黄，根系短分杈，后期根系被寄生呈瘤状，露出白亮至暗褐色的粉粒状孢囊，为该病的主要特征。孢囊老熟易脱落，孢囊仅在成虫期出现，生产上常查不见孢囊而误诊。线虫为害后，病根常受次生性土壤真菌如立枯丝核菌等为害，致使根系腐烂，或与线虫共同为害，加重受害程度，致地上部矮小，发黄，似缺少营养或缺水状。

小麦孢囊线虫病苗期症状　　　　　　　　小麦孢囊线虫病根部症状

【发生规律】 病原线虫每年发生1代，线虫通过耕地、灌水在田间近距离传播，远距离传播主要通过沙尘和流水。研究发现，收割机和播种机跨区作业也能携带病原线虫的孢囊进行传播。小麦禾谷孢囊线虫病以二龄幼虫在病粒中越冬和传播。其发生和流行主要取决于种子中夹带的虫瘿数量。线虫活动和侵害小麦的适宜温度是12～16℃，土温较低，种子发芽慢，出土期长，幼虫侵入麦苗的机会多，发病就重。所以高寒麦区利于线虫病的发生和流行。沙质土壤通气性和排水好，为线虫的孵化、侵染和近距离移动提供了较好的条件，沙质土壤发病较重。

【防控措施】

（1）农业防治。与油菜、马铃薯等进行2年以上的轮作。播前精选种子。麦种倒入清水中迅速搅动，虫瘿上浮即捞出，可汰除95%虫瘿。

（2）药剂防治。用噻唑膦等杀线虫剂进行土壤处理，或在整地时每亩撒施0.5%阿维菌素颗粒剂3kg，生长期可用50%辛硫磷乳油1 000倍液灌根。

11. 小麦网腥黑穗病

【病原】 网腥黑粉菌 [*Tilletia caries*（DC）Tul.]，属担子菌亚门真菌。寄主有小麦、黑麦和多种禾本科杂草。

【症状】 小麦网腥黑穗病又称黑疸、乌麦、腥乌麦，症状与小麦光腥黑穗病相同。抽穗以前，小麦网腥黑穗病菌在极幼嫩的子房中产生孢子，此时症状并不明显。受侵染的未成熟麦穗通常比健康麦穗绿色更深，且维持绿色的时间更长，并经常带有轻微的蓝灰色。病株一般较健株稍矮或正常。颖壳略向外张开，露出部分病粒，麦穗的外观接近正常。小麦受害后，通常是全穗麦粒变成病粒，也有的是部分麦粒发病。病粒较健粒短粗，初为暗绿色，后变灰黑色，外被一层灰包膜，内部充满黑色粉末（病菌厚垣孢子），破裂后散出含有三甲胺鱼腥味的气体，故称腥黑穗病。

【发生规律】 小麦网腥黑穗病是幼苗侵入的系统侵染性病害。一般以种子带菌为主，种子带菌是病害远距离传播的主要途径，

小麦网腥黑穗病病穗

粪肥和土壤也可以传病，但是是次要的传播方式。土温、墒情、通气条件等均影响病害发生的严重程度，地温和墒情是主要影响因素。病菌侵入小麦幼苗的温度为5～20℃，适温为9～12℃，春小麦发育适温为16～20℃，冬小麦发育的适温为12～16℃，温度低不利于种子萌芽和幼苗生长，延长了幼苗出土时间，增加了病菌侵染的机会，发病重。该病害的发生程度还与地势和播种深度有关，脑山地区发病较重，浅山地区次之，川水地区最轻。阴坡地发病重，阳坡地发病轻。播种过深、覆土过厚，麦苗不易出土，增加了病菌侵染机会，病害加重。

【防控措施】

（1）收割机要进行严格的消毒处理；一旦发现麦田病害，要采取焚烧销毁等灭除措施。

（2）处理带菌粪肥。在以粪肥传播为主的地区，可通过处理带菌粪肥进行防治。提倡施用酵素菌沤制的肥或施用腐熟的有机肥。对带菌粪肥加入油粕或青草保湿堆积1个月后再施入田间，或与种子隔离施用。

（3）种子处理。用6%戊唑醇悬浮种衣剂10g（1袋）拌小麦种子15kg，将拌好的小麦种子放在阴凉干燥处晾干，一般堆闷种时间不超过30min。不可长时间闷种，严禁在太阳下暴晒。或用3%苯醚甲环唑悬浮种衣剂按200～600g拌种100kg，晾干后播种。也可用咯菌腈或氟环菌·咯菌腈·噻虫嗪拌种。

12. 小麦茎基腐病

【病原】假禾谷镰孢（*Fusarium pseudograminearum*）、禾谷镰孢（*F. graminearum*）、亚洲镰孢（*F.asiaticum*）、黄色镰孢（*F. culmorum*）等镰孢菌，均属子囊菌亚门真菌。病原菌寄主主要包括小麦、大麦、玉米等多种禾本科作物及杂草，一般不侵染双子叶作物。

【症状】小麦茎基腐病在苗期开始侵染，病菌最早通过衰败的芽鞘侵入地中茎，然后向上扩展到分蘖节，主要为害小麦茎基部的第一、二节叶鞘，被为害的叶鞘会变成褐色或黑褐色。叶片和根部的营养交换被阻拦，出现弱株或死苗，湿度大时出现红色或白色霉层。灌浆期根和茎基部会腐烂形成白穗，穗小籽少，根部容易折断。

小麦茎基腐病症状

【发生规律】小麦茎基腐病属于土传病害，在所有土壤类型中均可发生，尤以黏性土壤最为普遍。土壤低洼、排水不良可促进发病。病原菌在田间主要靠耕作措施进行传播，禾谷镰孢也可随种子传播。一般情况下，病原菌在土壤中病残体上可以存活2年以上。小麦播种期、灌浆期降水较多、气温较高，容易发生茎基腐病。过量施用氮肥，且锌肥施用不足，加大茎基腐病的发生率。

【防控措施】

（1）农业防治。重病田避免秸秆还田，最好收获时低留茬并将秸秆清理出田间进行腐熟。必须还田时进行充分粉碎、深翻，或施用秸秆腐熟剂。与油菜等非禾本科作物进行2～3年轮作。增施磷、钾肥和锌肥。

（2）拌种处理。播种前种子包衣或药剂拌种，药剂可以选用4.8%苯醚·咯菌腈悬浮种衣剂或11%吡唑醚菌酯·灭菌唑悬浮剂拌种，能够有效预防茎基腐病发生。

（3）喷药控制。小麦苗期或返青期，用噁霉灵、甲霜·噁霉灵、戊唑醇、苯醚甲环唑、咯菌腈、嘧菌酯等兑水顺垄对茎基部喷雾，控制病害扩展蔓延。

第二节　小麦主要害虫

1. 麦茎蜂

麦茎蜂（*Cephus fumipennis* Eversmann），属膜翅目茎蜂科。

【形态特征】

成虫：体长9～11mm，翅展7.5～10mm，体色黑而发亮；头部黑色，复眼发达，触角丝状；雌虫较肥大；后足腿节和跗节黑色，胫节黄色，末端黑色；腹部第一节有一个三角形的黄绿色凹斑；雌虫腹端有一带毛的产卵器鞘，内有一红褐色的端部具锯齿状的产卵器。

卵：长1～1.2mm，宽0.35～0.4mm。长椭圆形，白色透明。

幼虫：共4龄，末龄幼虫体长8～12mm，体乳白色，头部浅褐色，胸足退化成小突起，身体多皱褶，臀节延长成几丁质的短管，末节有稀疏的刚毛。

蛹：裸蛹，长8～11mm，前蛹期白色，后蛹期灰黑色。

【为害特点】以幼虫钻蛀茎秆，使麦芒及麦颖变黄，干枯失色，严重的整个茎秆被食空，后期全穗变白，茎节变黄或黑色，有的从地表截断，不能结实。老熟幼虫钻入根茎部，从根茎部将茎秆咬断或仅留少量表皮连接，断面整齐，受害小麦很易折倒。

麦茎蜂成虫　　　　麦茎蜂造成茎秆倒伏　　　　茎秆被麦茎蜂吃空　　　麦茎蜂幼虫钻入根茎部为害

【发生规律】1年发生1代，以老熟幼虫在茎基部或根茬中结薄茧越冬。翌年4月10cm深处地温上升至10℃后开始化蛹，5月上旬达化蛹高峰，蛹期19～24d，并进入羽化初期，5月下旬进入羽化高峰，羽化期持续20多d，地温16℃、土壤含水量40%以上时羽化率最高。小麦抽穗期是成虫羽化出土高峰期，成虫羽化出土后在一周内即可完成交配产卵的全过程。成虫产卵时用产卵器把麦茎锯一小孔，把卵散产在茎的内壁上。卵期6～7d。幼虫6月上旬开始为害。幼虫一周后孵出，先向下爬至节间处取食幼嫩组织，随虫期增长，向上为害，咬穿节间，一直吃到穗颈部，老熟时抵达根基部，将麦茎接近地表处整齐地咬断，根茬与麦秆仅留表皮组织连接，在地表下部根茬内结茧越冬。

【防控措施】

（1）农业防治。麦收后深翻灭茬；或将根茬集中销毁。麦茎蜂为单食性害虫，有计划地进行大面积连片轮作倒茬，大片不种麦，改种马铃薯、油菜、蚕豆、玉米等。

（2）化学防治。小麦抽穗前孕穗初期（成虫出土盛期）用5%辛硫磷颗粒剂2.5 ~ 4.0kg对细沙土20 ~ 30kg，在灌水或雨前均匀撒施于麦田。当田间网捕虫量达到每复网0.75头时，进行集中统一连片防治，药剂可选用高效氯氟氰菊酯、吡虫啉等进行喷雾。

2. 麦穗夜蛾

麦穗夜蛾［*Apamea sordens*（Hüfnagel）］，属鳞翅目夜蛾科。

【形态特征】

成虫：体长16mm，翅展42mm左右，全体灰褐色。前翅有明显黑色基剑纹，在中脉下方呈燕飞形，环状纹、肾状纹银灰色，边缘黑色；基线淡灰色双线，亚基线、端线浅灰色双线，锯齿状；亚端线波浪形浅灰色；前翅外缘具7个黑点，缘毛密生；后翅浅黄褐色。

卵：圆球形，直径0.61 ~ 0.68mm，表面有花纹。

幼虫：体长33mm左右，头部具浅褐黄色"八"字纹；颅侧区具浅褐色网状纹。前胸盾板、臀板上生背线和亚背线，将其分成4块浅褐色条斑，虫体灰黄色，背面灰褐色，腹面灰白色。

蛹：长18 ~ 21.5mm，黄褐色或棕褐色。

【为害特点】以幼虫为害。初孵幼虫在麦穗的花器及子房内为害，二龄后在籽粒内取食，四龄后将小麦旗叶吐丝缀连卷成筒状，潜伏其中，日落后出来为害麦粒，仅残留种胚，致使小麦不能正常生长和结实。

麦穗夜蛾二龄幼虫　　　　　　麦穗夜蛾四龄幼虫　　　　　麦穗夜蛾将小麦叶片卷成筒状

【发生规律】1年发生1代，以老熟幼虫在田间或地埂表土下等处越冬。翌年4月越冬幼虫出蛰活动，4月底至5月下旬幼虫化蛹，预蛹期6 ~ 11d，蛹期44 ~ 55d。6—8月成虫羽化，7月中旬至8月上旬进入羽化盛期，交尾后5 ~ 6d产卵在小麦第一小穗颖内侧或子房上，卵期约13d，幼虫蜕皮6次，共7龄，历期8 ~ 9个月。幼虫为害期为66.5d，初孵幼虫先取食穗部的花器和子房，吃光后转移，老熟幼虫有隔日取食习性，六、七龄幼虫虫体长大，白天从小麦叶上转移至杂草上吐丝缀合叶片隐蔽起来，也有的潜伏在表土或土缝里，9月中下旬幼虫开始在麦茬根际松土内越冬。

【防控措施】

（1）农业防治。在小麦田种植青稞诱集带进行诱杀。

（2）物理防治。用杀虫灯诱杀或用麦穗夜蛾性诱剂诱杀。

（3）化学防治。幼虫四龄前，群集为害时，黄昏前每亩用50%辛硫磷乳油1 000倍液、4.5%高效氯氰菊酯乳油50mL兑水喷雾防治。

3. 麦蚜

青海省发生的麦蚜主要为麦二叉蚜（*Schizaphis graminum* Rondani）和麦长管蚜（*Macrosiphum avenae* Fabricius），均属半翅目蚜科。

【形态特征】

成蚜：一般体长1.4～2mm，分有翅成蚜与无翅成蚜。在适宜环境下，都以无翅型生活，行孤雌生殖；营养不足，环境恶化或虫群密度大时，则产生有翅型迁飞扩散。

卵：长卵形，长约1mm，初为淡黄色，后变黑色。

【为害特点】麦二叉蚜在麦类叶片正、背两面或基部叶鞘内、外吸食汁液，致麦苗黄枯或伏地不能拔节，严重的麦株不能正常抽穗，可传播小麦黄矮病毒。麦长管蚜前期集中在叶正面或叶背面，后期集中在穗上刺吸汁液，致受害株生长缓慢，分蘖减少，千粒重下降，是麦蚜中的优势种。

小麦蚜虫及为害状

【发生规律】1年发生10～20代。麦蚜以卵在禾本科杂草上越冬。春暖后，越冬卵孵化成母蚜，也叫干母，孤雌生殖，产生无翅型或有翅型母蚜，先在杂草上为害。麦类作物拔节前后，迁入麦田为害。气温高、降雨少，蚜虫繁殖快，为害重。温度7～8℃时，繁殖1代约需24d；20～22℃时繁殖最快，5～6d即可完成1代。麦长管蚜喜光照，多在植株上部，特别是穗部为害；麦二叉蚜则多在植株下部或叶背面为害。麦类作物收获后，麦蚜迁回禾本科杂草上取食，到深秋，产生雌蚜和雄蚜，交配后产卵于赖草等禾本科杂草的根颈部越冬。

【防控措施】

（1）农业防治。早春或深秋铲除田埂和农田杂草，可消灭越冬虫卵。

（2）物理防治。从小麦孕穗期开始，每亩悬挂20～25张粘虫板进行诱杀。

（3）化学防治。当田间蚜株率达到15%～20%或5头/株以上时，用高氯·吡虫啉、氯氟·吡虫啉、吡虫啉·噻嗪酮、阿维·吡虫啉、吡虫啉或啶虫脒进行喷雾防治。

4. 青稞穗蝇

青稞穗蝇（*Nana truncata* Fan），俗称囊胎、坐蹲、瘿花、白头发等，属双翅目粪蝇科。

【形态特征】

成虫：体黑色，雄虫体长5.0～5.5mm，雌虫体长5.0～6.0mm，翅展9.5～11.2mm。头和胸部暗灰色。触角黑色，芒具极短的毵毛。腹部黑色，末端稍尖，椭圆形，生殖器位于末端。翅具紫色光泽，前缘基鳞、亚前缘骨片、腋瓣、平衡棒均淡黄色。足除中后足基节暗色外，其余各节均呈黄色，后足腿节尤为明显。前足腿节前面的黑色鬃 7～11 个（平均 9 个）。腹略呈圆柱形，具薄的淡灰色粉被，侧尾叶末端钝平。

卵：似小船形。初产时乳白色，约两日后渐变黄或淡褐色。长 1.5mm、宽 0.5mm 左右。卵背面具 1 条纵沟，其两端稍宽；背面多边形刻纹明显。

幼虫：体黄白色，三龄幼虫体长 7.0mm，宽 1.1mm。长圆锥形，第八节略瘦。前气门两分叉，第一分叉各具 6 个呈树枝状排列的指状突起。后气门近圆形。肛板前小棘列 6 列。无足，为蛆式幼虫。

蛹：略呈纺锤形，长约 5.0mm，宽 1.1～1.5mm。从土中刚取出的蛹呈黄褐色，渐变为褐色。第八腹节较狭，后气门明显突出。

【发生规律】青稞穗蝇在青海省 1 年发生 1 代，以蛹在 6～13cm 深的土中越冬。翌年 4 月下旬（川水地区）至 5 月中旬（脑山地区）成虫羽化出土，川水地区 5 月中下旬为发生盛期。成虫寿命 8～16d，其连续发生时期约 70d，成虫羽化后 1d 左右，进行交尾产卵，卵多产于植株肥壮稠密的第四、五片叶的主脉上，5 月上旬为其产卵初期，盛期在 5 月中下旬，末期在 6 月下旬。幼虫在 5 月中旬开始孵化，盛期在 6 月上旬。幼虫孵化后侵入正在拔节的幼苗，为害幼穗。幼虫在穗节内蛀食，经 22～31d 后老熟，于 6 月下旬至 7 月上旬当作物乳熟前离开穗部，入土潜伏，经 3～6d 后即大量化蛹。卵期 5～12d，幼虫期 60d，蛹期约 300d。青稞穗蝇在川水地区较脑山地区早发生半个多月的时间。成虫发生期和青稞拔节期相吻合。早上 8 时前大量羽化，上午 9—11 时和下午 3—5 时活动最盛，成虫多栖息于植株叶上，飞翔距离一般为 33.3～500cm。最有利于成虫活动的为晴朗无风，气温 9～16℃ 的天气。雌雄性比为 0.76：1，成虫发生前期雄多于雌，后期雌多于雄。成虫每次交尾需

青稞穗蝇为害状

8～10min，交尾姿势重叠式，如受惊不分开，同飞他处。多在无风晴朗天气活动最盛时产卵，卵散产，每片叶有卵 1～4 粒。未经交配产的卵不发育。卵在早上 8 时前孵化最多，须有充分的湿度才能维持其生活力。遇大风或大雨时，可使卵掉落很多，损失率达 25%。幼虫从卵的一端上面凹沟缝中破壳而出，经 3～5min 离开卵壳，向植株上部爬行至顶端，从未展开的心叶空隙中入侵，或由心叶处进入嫩茎内，钻入穗基节，蛀食刚形成的小穗。一般每穗 1 头幼虫，最多 2～3 头。当作物灌浆后，幼虫即达老熟，开始陆续从穗节叶鞘缝隙处爬出，落地入土，在夜晚和雨天落土最多。幼虫入土暂不活动，经 2～3d，最后一次蜕皮变为伪蛹，在土中越冬，以 7cm 以上的土内蛹最多，占 90% 以上。

【防控措施】

（1）农业防治。脑山地区将播种期提前到 3 月底 4 月初，能够有效地避开青稞穗蝇活动的高峰期，有效降低青稞穗蝇幼虫的侵扰。

（2）化学防治。在成虫发生初期和盛期，可用阿维菌素、灭蝇胺、杀螟松、马拉硫磷、马拉·杀螟松等进行喷雾防治。

第二章　油菜主要病虫害

油菜常年种植面积220余万亩，是青海省种植面积最大的油料作物，也是唯一的大宗经济作物，是农民增加经济收入的主要手段。近年来，随着种植业结构的调整，油菜种植面积不断增加，油菜病虫害的发生为害也呈明显上升势态，尤其是油菜黄条跳甲、油菜茎龟象甲、油菜露尾甲、油菜角野螟等害虫为害日趋严重。全省油菜重大病虫害常年发生面积达300万亩次以上，导致油菜产量损失达15%～40%，全省每年因病虫害造成油菜籽损失达5万t以上，病虫害严重年份损失超过10万t，并导致油菜籽品质下降，严重制约着全省油菜产业的发展。

第一节　油菜主要病害

1. 油菜菌核病

油菜菌核病俗称白秆、烂秆等。油菜感病以后，一般减产10%～70%，含油量降低1%～5%。

【病原】核盘菌 [*Sclerotinia sclerotiorum*（Lib.）de Bary]，属子囊菌亚门真菌。

【症状】油菜苗期和成株期均可发病，而以开花期以后最多。苗期感病，茎基部与叶柄形成红褐色斑点，后扩大转变为白色，上面长出白色絮状菌丝。幼苗死亡后，病组织外部形成许多黑色菌核。成株期叶片感病，多自植株下部衰老、黄化的叶片开始，初生暗青色水渍状斑块，而后变成圆形或不规则形大斑。干燥时病斑破裂穿孔；潮湿则迅速扩展，全叶腐烂，上面长出白色絮状菌丝。茎部感病，病斑初呈水渍状，浅褐色，椭圆形，多自主茎中、下部开始发生，以后发展成梭形或长条形，直至绕茎成大型病斑。病斑中部白色，边缘褐色，病健交界明显。在潮湿条件下，病斑扩展非常迅速，上面长出白色絮状菌丝。至病害晚期，茎髓被蚀空，皮层纵裂，维管束外露如麻，极易折断，茎内形成许多黑色鼠粪类状菌核。角果感病，角果产生不规则形的白色病斑，内外部均可形成菌核，但较茎秆内的菌核为小。

【发生规律】田间油菜收获时，菌核落入土中或混杂在种子中越冬，来年春季再萌发侵染。一般气温15～25℃、相对湿度85%时最适宜病菌侵染，菌核萌发产生的子囊孢子侵染植株下部的老黄叶和花瓣，由菌丝扩展蔓延至上部叶片、茎秆，使整株发病。在气温能满足菌核萌发的前提下，降水和空气相对湿度是决定病害发生的主要条件。降水量特别是花期降水量大、空气相对湿度大，发病严重。田间菌源量的多少直接影响发病程度，连作地块、上年发病重的地块田间残留菌核量大，油菜苗期发病一般较重。不同的油菜品种抗病差异很大，油菜花期最易感病，如果花期早，与菌核萌发期吻合的时间长，则有利于病菌的侵染和发病，田间油菜种植密度过大，通风透光差，或地势低洼、雨后积水，有利于病害发生、发展和蔓延。

油菜菌核病叶片症状　　　　　　　　　　　油菜菌核病茎秆症状

油菜茎秆外部的菌丝、菌核　　　　　　　　油菜茎秆内部的菌核

【防控措施】防治菌核病，应以农业防治为主，药剂防治为辅。

（1）农业防治。轮作倒茬；选用抗病丰产杂交油菜品种；平衡施肥；合理密植，防止倒伏。

（2）药剂防治。播种前每100kg种子用2.5%咯菌腈悬浮种衣剂按800～1 000mL种子包衣。当田间80%主花序开花时，用20%百·菌核可湿性粉剂500～800倍液进行喷雾防治，或每亩用50%咪酰胺·锰盐可湿性粉剂20g、200g/L氟唑菌酰羟胺悬浮剂50～65mL、40%菌核净可湿性粉剂120g，施药时期为油菜初花期和盛花期各一次。

2. 油菜霜霉病

油菜霜霉病在青海省部分半浅半脑及脑山地区偶发，发病轻，面积小。

【病原】寄生霜霉 [*Peronospora parasitica*（Pers.）Fries]，属卵菌。

【症状】为害油菜叶、茎、花、花梗和角果。病叶表面初生淡黄色的斑点，后扩大成黄褐色，由于叶脉所限为不规则形斑块，叶背病斑上常生霜状霉层，故称霜霉病。一般由植株的底部叶逐渐向上部叶发展蔓延，底部叶先变黄枯死。抽薹后，茎薹和花序被害。茎秆上初生褪绿斑点，后扩大成不规则黄褐色至黑褐色病斑，病斑上着生霜霉状物。开花结果期，花色变深，不结实；花梗和角果严重受害时变褐萎缩，密布霜状霉层，最后枯死。花梗感病后变肥肿，呈"龙头"拐状，表面光滑，着生霜状霉层。发病严重时，病株叶片脱落凋萎，远望全田一片枯黄。

【发生规律】霜霉病菌是一种专性寄生菌，主要是随着寄主的病叶、茎、角果以及"龙头"内的卵孢子留落在土中生存，因此，连作地一般发病较重。气候因素是油菜霜霉病发生的重要条件，较低温度适宜病害发生。日夜温差大、湿度较高、早晚有露，最适宜此病流行。干旱和高温能抑制霜霉病的发生。此外，种植密度过大、氮肥偏多、播种过晚、地势阴湿，也易发生霜霉病。

| 油菜霜霉病叶片正面症状 | 油菜霜霉病叶片背面症状 |

【防控措施】

（1）农业防治。与禾本科作物轮作，适期迟播；苗期拔除病苗、弱苗；施足底肥，使苗壮，提高抗病能力。

（2）化学防治。发病初期用50%甲基硫菌灵可湿性粉剂1 000～1 500倍液、64%噁霜·锰锌可湿性粉剂500倍液、58%甲霜·锰锌可湿性粉剂500倍液、65%代森锰锌可湿性粉剂400～500倍液或80%乙蒜素乳油5 000～6 000倍液喷雾防治。

3. 油菜白锈病

油菜白锈病主要在青海省气温较高、相对湿度较大的川水地区偶发。

【病原】 油菜白锈病 [*Albugo candida*（Pers.）Kuntze]，属卵菌。

【症状】 油菜地上部分均可受害。叶片表面初生淡绿色小斑点，渐呈黄色圆形病斑，叶背病斑呈白漆色隆起疱斑，疱斑破裂后散出白色粉末。严重时，疱斑密布全叶，叶片枯黄脱落。幼茎和花梗受害后肿大，弯曲成"龙头"状。花器受害，花瓣畸形、膨大，变绿呈叶状，久不凋萎，亦不结实。受害的茎、枝、花梗、花器和角果均可长出长圆形或短条状的疱斑。

| 油菜白锈病叶片症状 | 油菜白锈病花梗症状 |

【发生规律】 低温高湿易发生此病害。病菌以卵孢子在田间油菜残株上或散落在土壤中，或混杂在种子上越冬。第二年环境适宜时，卵孢子萌发产生游动孢子，侵害油菜，引起初次侵染。当年病斑上产生的孢子囊借风、雨传播进行再侵染。以晚熟品种受害较重。

【防控措施】

（1）农业防治。与禾本科作物进行2年轮作，可大大减少土壤中卵孢子数量，降低菌源。

（2）化学防治。用种子重量1%的瑞毒霉或甲霜灵拌种；发现病株后选用75%百菌清可湿性粉剂500倍液或58%甲霜·锰锌可湿性粉剂500倍液喷雾防治。

第二节　油菜主要害虫

1. 油菜黄曲条跳甲

油菜黄曲条跳甲（*Phyllotreta striolata* Fabricius），俗称土屹蚤，属鞘翅目叶甲科。在青海省各油菜种植区均有发生。

【形态特征】

成虫：体长1.8～2.4mm，黑色有光泽，触角11节。前胸背板及鞘翅上有许多点刻，排列成纵行。鞘翅中部有一黄条，其外侧中部凹曲很深，内侧中部直形，仅前后两端向内弯曲，鞘翅刻点排列成纵行。头和胸部密生刻点，后足股节膨大。

卵：椭圆形，长约0.3mm，淡黄色。

老熟幼虫：体长4mm，圆筒形、黄白色，头部及前胸背板淡褐色。胸、腹各节上有疣状突起，其上着生短毛。胸足3对，能在土中潜行，腹足退化。

【为害特点】油菜黄曲条跳甲的成虫、幼虫都能为害，成虫取食油菜叶片，将叶片咬成许多小孔，严重时可将全叶吃光。成虫喜食幼嫩部分，在油菜初现子叶时，就可将子叶和生长点吃掉，常造成成片枯死，大面积缺苗，甚至全田毁种。开花结角时，成虫食害花蕾和嫩角果，影响正常结果。幼虫为害根部，剥食根表皮，并在根的表面蛀成许多环状的虫道，使菜苗地上部分由外向内逐渐变黄，最后萎蔫而死。

油菜黄曲条跳甲成虫

油菜黄曲条跳甲为害状

【发生规律】在青海1年发生3～5代，以成虫潜伏在菜园内、沟边、树林中的落叶下、草丛中等处越冬。4月中下旬油菜出苗后就遭为害，5月最盛。成虫活泼善跳，遇惊动即跳跃逃避。成虫多栖息于油菜叶背、根部及土缝等处，取食多在早晨或傍晚，阴雨天不甚活动，有趋光性，对杀虫灯敏感。1头雌虫可产卵600粒左右，卵产在离主根3cm范围内的表土层中，也有的产在土下根上或近土面的茎上。卵期3～9d，卵孵化要求100%的湿度，否则许多卵不能孵化。幼虫3龄，幼虫期11～16d。幼虫孵出后沿须根向主根取食。

【防控措施】

（1）农业防治。与非十字花科作物合理轮作；清除植株落叶，铲除杂草，消灭其越冬场所和食料源头；播前深耕晒土，造成不利于幼虫生活的环境并消灭部分蛹。

（2）拌种处理。选择具有内吸、触杀、胃毒和熏蒸作用，土壤有机质吸附能力极强，药效时间较长的种子处理剂，进行播前拌种，能杀灭黄条跳甲成虫及土壤中的幼虫。可用30%噻虫嗪悬浮种衣剂拌种。

（3）物理防治。油菜出苗前，每亩悬挂黄色粘虫板20～25张，进行诱杀，黄板距离油菜植株顶部10cm左右。

（4）化学防治。每亩可用4.5%高效氯氰菊酯微乳剂25～35mL，兑水30～45kg，于油菜出苗后子叶期，成虫迁入田间时及时喷药。喷药时应从田边往田内围喷，以防成虫逃逸。

2. 油菜蓝跳甲

油菜蓝跳甲（*Psylliodes chrysocephala* L.），属鞘翅目叶甲科。在各油菜种植区均有发生。

【形态特征】成虫体长5mm，体宽2.5mm，长椭圆形，蓝黑色或蓝色带绿光。触角黑色，基部两节的顶端带棕色。头顶光洁，无皱纹，额瘤圆形，显突，触角间的隆脊上半部粗宽，下半部细狭。触角约为体长的2/3，较粗壮，第3节约为第2节长的1.5倍，以后各节均长于第3节。前胸背板基部较宽，渐向前收狭，基缘之前具横沟，沟前盘区光洁，沟后区有细刻点。鞘翅刻点粗密，略呈凹窝状，有时每翅具3条不清楚的纵肋状隆起。

【为害特点】与油菜黄曲条跳甲相似，成虫、幼虫均可为害，以成虫为害较重，取食油菜幼嫩部分，成虫咬食过的叶片有小椭圆形孔洞，并遗留粪便及排泄物。

油菜蓝跳甲成虫及为害状

【发生规律】1年发生1代，以成虫在土缝中及枯叶下越冬。翌年4月中下旬开始出土活动，5月上中旬交尾，把卵产在油菜根部四周表土中，卵于6月上中旬孵化，7月上旬羽化为成虫，一直到10月上旬开始越冬。新羽化成虫有趋上性和群集性，特别在制种地成虫喜欢在主茎顶端、角果尖端群集取食。成虫还有趋绿性，喜由老黄植株向青绿植株集中转移，遇惊扰时落地假死。成虫在晴天甚活泼、善跳跃；遇阴雨天潜伏于幼苗下的表土内；烈日当空的中午，躲在叶片背面，不食不动。

【防控措施】同油菜黄曲条跳甲。

3. 油菜茎象甲

油菜茎象甲（*Homorosoma asperum*），属鞘翅目象甲科。

【形态特征】

成虫：体长3～3.5mm，黑灰色，密生灰白色绒毛。头延伸而成的喙状部细长，圆柱形。触角膝状，着生在喙部的前中部，触角沟直。前胸背板有粗刻点，中央有一凹线。每一鞘翅上各有10条纵沟。

卵：长0.6mm，宽0.3mm，长卵形，乳白稍带黄色。

幼虫：初孵白色，后变淡黄白色。体长6～7mm，纺锤形。头大，黄褐色。无足。

蛹：裸蛹，纺锤形，乳白略带黄色，体长3～4mm，土茧表面光滑，椭圆形。

【为害特点】成虫取食叶片和茎表皮，在油菜茎部齿孔内产卵，刺激茎部膨大成畸形、崩裂，茎部易折断。幼虫在茎内蛀食，每一茎内常有多头幼虫取食，将茎吃成隧道，植株易倒伏折断，或变黄早枯。受害株的生长、分枝和结荚均受阻，籽粒不能成熟。

油菜茎象甲成虫

油菜茎象甲幼虫

油菜茎象甲造成油菜丛生

油菜茎秆被油菜茎象甲吃空

【发生规律】1年发生1代，以成虫在油菜地四周的田边杂草下及田间土中越冬。翌年油菜出苗后，成虫开始迁至幼苗上为害叶片，成虫白天取食，交尾产卵，大多选择在直径2.0～3.0mm的花蕾中产卵，卵紧贴花瓣内下壁。卵发生期为6月中旬至7月下旬。幼虫期与油菜抽薹期一致，老熟后在土内做土室化蛹。蛹发生期为7月上旬至8月上旬。当年成虫7月中下旬陆续羽化出土，此时是油菜角果形成期，基本不见成虫为害，成虫仅在晚熟油菜上取食花蕾。主要在田间杂草、野花、灌木丛（沙棘）及其他作物上（蚕豆）活动，至9月中旬到枯枝落叶下的地表面上越冬，10月中旬最低气温下降至0℃以下后终见。

【防控措施】

（1）农业防治。与非十字花科作物合理轮作；清除植株落叶，铲除杂草，消灭其越冬场所和食料源头；播前深耕晒土，造成不利于幼虫生活的环境并消灭部分蛹。

（2）拌种处理。选择具有内吸、触杀、胃毒和熏蒸作用的种子处理剂，能杀灭油菜茎象甲成虫及茎秆中的幼虫。可用30%噻虫嗪悬浮种衣剂拌种。

（3）物理防治。油菜出苗后，每亩悬挂黄色粘虫板20～25张，进行诱杀，黄板距离油菜植株顶部10cm左右。

（4）化学防控。每亩使用4.5%高效氯氰菊酯微乳剂25～35mL或22%噻虫·高氯氟微囊悬浮-悬浮剂5～10mL、48%毒死蜱乳油20mL，兑水30～45kg，于油菜出苗后2～3叶期，成虫迁入田间未产卵前及时施药。

4. 油菜叶露尾甲

油菜叶露尾甲（*Strongylodes variegatus* Fairmaire），属鞘翅目露尾甲科。

【形态特征】

成虫：体长2.5～2.7mm，体宽1.4mm，黑褐色，有斑纹，背部呈弧形隆起，触角11节，端部3节呈球状膨大，腹部末节露出鞘翅外。前胸背板和鞘翅黑色，被有不同色泽的刚毛。前胸背板梯形，被有淡棕色细毛，前缘凹入，背部中间常有略似"工"字形的黑斑，中胸小盾片三角形，被有白色刚毛。鞘翅中缝处有3个黑斑，从前向后依次由小到大，鞘翅靠侧缘有一大椭圆形黑斑；端部有一半圆形黑斑；鞘翅各黑斑上的刚毛均为黑色。白色刚毛在鞘翅背部形成似双W形的白色斑纹，前足胫节端部有小齿5个，胫节外缘有1列整齐的小齿，中、后足相似。胫节端部各有齿12个。

卵：乳白色，长椭圆形，长约1mm。

幼虫：体长1～3mm，体扁平，淡白色。头部极扁，褐色，蜕裂线U形。前胸背板有骨化程度高的淡白色斑两块。胸部侧突不明显，腹部共9节，每节侧突呈明显乳头状，端部有两根刚毛。第9节末端分叉，缺口深。自中胸至腹部末节各节背板上背突和背侧突退化成不太明显的骨化程度较高的圆斑。

蛹：体长3.0～3.4mm，初期乳白色，羽化前翅、足变黑色，前胸背板梯形，外缘有5根刚毛，靠近前缘和后缘各有4根刚毛，末端分叉呈"尾须状"，腹部每体节侧突起上有两根刚毛。

【为害特点】成虫以口器刺破叶片背面（较少在正面）或嫩茎的表皮，形成长约2mm 的"月牙形"伤口，头伸入其内啃食叶肉，被啃部分的表皮呈"半月形"的半透明状。为害花蕾形成"秃梗"。幼虫孵化后从"半月形"表皮下开始潜食叶肉，初期，被潜食部分的表皮呈淡白色泡状胀起，呈不规则块状而不是弯曲的虫道。从外可看到幼虫虫体及留下的绿色虫粪。后期湿度大时，被害部分腐烂或

油菜叶露尾甲成虫

油菜叶露尾甲卵

油菜叶露尾甲幼虫

油菜叶露尾甲为害状

裂开，在叶片上形成大孔洞，并过早落叶。受害较重的地块，整个田间状如"火烧"。

【发生规律】油菜叶露尾甲以成虫在田埂土壤或靠墙的草埂土内越冬。越冬成虫于4月下旬至5月上旬出土后进入油菜田。5月中旬至6月上旬是越冬代成虫为害高峰期。6月上旬至7月上旬为产卵期。6月中旬至7月下旬为幼虫发生期。至油菜收获时，幼虫入土化蛹，以成虫越冬。成虫具有假死性，有趋黄性，中午高温时能飞翔。

【防控措施】

（1）农业防治。　避免晚熟与早熟油菜邻作；清除田间地头十字花科杂草，消灭油菜露尾甲的野生寄主，减少招引害虫的机会。

（2）药剂防治。　在大量成虫侵入油菜田未产卵时，每亩用4.5%高效氯氰菊酯乳油35mL进行喷雾防治。

（3）物理防治。利用油菜叶露尾甲的趋黄性，在田间设置黄板或黄盆，诱杀成虫。

5. 油菜花露尾甲

油菜花露尾甲［*Meligethes aeneus*（Fabricius）］，属鞘翅目叶甲科。

【形态特征】

成虫：体长2.2～2.9mm，身体扁平椭圆形，黑色，略带金属光泽，全体密布不规则的细密刻点，每刻点生一细毛。触角11节，端部4节膨大呈锤状。足短，扁平，前足胫节红褐色，外缘呈锯齿状，齿黑褐色，17～19枚，胫节末端有长而尖的刺2枚，跗节被淡黄色细毛。腹末端常露于鞘翅之外，交尾产卵期最明显。

卵：长约1mm，长卵形，乳白色，半透明。

幼虫：老熟后体长3.8～4.5mm。头黑色，身体乳黄色。前胸背板上2块，中、后胸背板上各4块，第一至八节腹板上各3块褐色斑块。腹部每侧面各生1根刚毛，腹面每节具左右对称的毛2根。胸足3对，黑色。

蛹：离蛹，卵圆形，2.4～2.9mm。复眼下侧方各有1根刚毛，胸部有4对刚毛，翅盖至腹部第五节。

【为害特点】油菜花露尾甲以成虫和幼虫取食油菜花粉、雄蕊、花柄和萼片，造成蕾、花提早凋谢或干枯死亡，不能结实。

油菜花露尾甲成虫　　　　　　　　　　　　油菜花蕾被害状

【发生规律】1年发生1代，以成虫越冬。翌年越冬代成虫在春季气温稳定回升后陆续出现，先在田间野生杂草及野花上取食叶片、花瓣、花粉。油菜现蕾初期，进入油菜田取食油菜的花蕾，并在花蕾中产卵，至7月下旬产卵终止死亡。卵发生期为6月中旬至7月下旬；幼虫发生期为6月中下旬至7月下旬；蛹发生期为7月上旬至8月上旬。当年成虫7月中下旬陆续羽化出土，此时是油菜角果形成期，基本不见成虫为害，仅在晚熟油菜上取食花蕾。主要在田间杂草及其他作物（蚕豆）上活动，至9月中旬到枯枝落叶下的地表面上越冬。成虫白天取食、交尾产卵，卵散产于雌蕊上。幼虫有两个龄期，老熟后在土内做土室化蛹。

【防控措施】

（1）农业防治。避免晚熟油菜与早熟油菜邻作，清除田间地头十字花科杂草，可减少招引油菜露尾甲的机会。

（2）物理防治。油菜现蕾期开始，每亩悬挂20～25张蓝色粘虫板，进行诱杀，粘虫板高度离油菜植株顶端10cm左右，具有较好防效。

（3）药剂防治。在油菜开花前，成虫集中在杂草花上为害时，或大量成虫侵入油菜田时，每亩用4.5%高效氯氰菊酯乳油25～35mL或2.5%溴氰菊酯乳油14～20mL，7～9d喷1次。

6. 油菜角野螟

油菜角野螟（*Evergestis extimalis* Scopoli），又名茴香薄翅野螟，属鳞翅目螟蛾科，在青海省各油菜种植区均有发生。

【形态特征】

成虫：体长11～13mm，翅展28mm，体黄褐色。头圆形，黄褐色。触角微毛状。下唇须向前平伸，第二、三节末端具褐色鳞。下颚须白色。胸部、腹部背面浅黄色，下侧具白鳞。前翅浅黄色，翅外缘具暗褐色边缘，翅后缘有宽边。后翅浅黄褐色，边缘生褐色曲线。

卵：块产，卵块形状长条形，由4～10粒卵组成，最少1粒，最多20粒，平均7粒。初产时乳白色，经一昼夜变为橘黄色或杏黄色，孵化前变为灰褐色，点状黑头明显可辨。

幼虫：体长7～11mm，头部黑色，体淡黄色，前胸盾板褐色。老熟幼虫体长25mm，体黄绿色，背中线呈黄色或暗红色纵带，背侧线与气门上线连成一较宽的灰褐色纵带，气门线为淡黄色，腹面淡黄色；头部黑色，有光泽，前胸背板上的黑色盾板分为左右两块，中后胸及腹部第九节各有4个黑色毛片排成一排；腹部一至八节背面各有6个黑色毛片，前4个大，后2个小，排成两排。

蛹：长10mm左右，初化蛹时黄褐色略带绿色，后变为黄褐色，羽化前附肢、翅芽、触角变为暗褐色。

【为害特点】茴香薄翅野螟幼虫取食油菜角果，受害荚上出现孔洞。幼虫进入角果内取食籽粒，造成空荚。一般在油菜田四周受害较重，油菜荚果被害率10%以上，受害角果内仅留2～3个籽粒，甚至空壳。一般受害田产量损失15%左右，严重受害田块产量损失达50%左右。

【发生规律】1年发生1代。以老熟幼虫在田埂草丛下或田间2～3cm土层中结茧越冬。翌年5月下旬开始化蛹，蛹期17d左右。羽化成虫出土时间一般从6月上旬开始，羽化出土时间与当地油菜花

油菜角野螟幼虫

油菜角野螟拉网结茧

油菜角野螟为害状

期基本一致。成虫多在夜间羽化，有趋光性。羽化成虫出土的当天即可交配、产卵。产卵期10d左右。交配后4d左右进入产卵高峰期。卵多产在油菜幼嫩角果或果柄上，少量产在油菜叶片背面。卵块排成鱼鳞状，乳黄色，平均每卵块有卵20～60粒，多的100粒以上。幼虫在海拔较低的川水地区于7月上旬开始孵化，在海拔较高的半浅半脑地区于7月中下旬开始孵化。幼虫孵化期基本与当地油菜角果期一致。初孵幼虫为害卵块周围的角果或叶肉，二龄后开始分散到角果上为害，幼虫钻入角果内取食油菜籽粒，造成空荚，三龄后开始转株为害，且食量增大。9月上旬幼虫老熟，9月中下旬入土结茧越冬。

【防控措施】

（1）农业防治。秋季油菜收割后，深翻土壤，消灭田间越冬幼虫，可有效降低虫源基数。杂草是油菜角野螟成虫活动的主要场所，及时铲除田埂、渠沟旁及田间杂草，可改变其成虫栖息场所，减轻为害。

（2）物理防治。有条件的地区可用频振式杀虫灯诱杀成虫，或成虫盛发期用捕虫网在田边杂草上捕杀成虫，降低虫口基数。

（3）化学防治。以幼虫钻蛀油菜角果为害，防治难度大，防治策略上坚持"先治田外，后治田内""先杀成虫、后杀卵幼"的原则。6月中下旬开始先防治田边、渠边、地头等杂草上羽化出土的成虫，7月中旬开始在产卵期和幼虫孵化期再喷药防治1～2次，杀死卵或幼虫，能有效减轻为害损失。选择有触杀、胃毒作用的拟除虫菊酯类杀虫剂进行喷雾防治。每亩用4.5%高效氯氰菊酯乳油40mL＋30%敌敌畏乳油16mL或油菜终花期用4.5%高效氯氟氰菊酯乳油＋2.5%阿维菌素乳油各20mL，每7d喷施1次。

7. 小菜蛾

小菜蛾 [*Plutella xylostella* (L.)]，别名两头尖、小青虫、菜蛾、吊丝虫、方块蛾，属鳞翅目菜蛾科，是十字花科蔬菜重要害虫。

【形态特征】

成虫：体长6～7mm，翅展12～16mm，前、后翅细长，缘毛很长，前、后翅边缘呈黄白色三度曲折的波浪纹，两翅合拢时呈3个接连的菱形斑，前翅缘毛长并翘起如鸡尾，触角丝状，褐色有白纹，静止时向前伸。雌虫较雄虫肥大，腹部末端圆筒状，雄虫腹末圆锥形，抱握器微张开。

卵：椭圆形，稍扁平，长约0.5mm，宽约0.3mm，初产时淡黄色，有光泽，卵壳表面光滑。

幼虫：初孵幼虫深褐色，后变为绿色。末龄幼虫体长10～12mm，纺锤形，体上生稀疏长而黑的刚毛。头部黄褐色，前胸背板上由淡褐色无毛的小点组成两个U形纹。臀足向后伸，超过腹部末端，腹足趾钩单序缺环。

蛹：体长5～8mm，黄绿至灰褐色，外被极薄丝茧，如网，两端通透。

小菜蛾成虫　　　　　　　　　　　　　　小菜蛾幼虫

【为害特点】幼虫啃食叶片及茎枝、花器、角果的表层。初龄幼虫可钻入叶片组织，稍大后啃食一面叶表皮和叶肉，留下另一面叶表皮，形成透明斑，如同小"天窗"。当虫量大时，可将叶片吃成网状。

小菜蛾蛹　　　　　　　　幼虫为害花器　　　　　　　油菜植株受害状

【发生规律】寡食性，主要为害大白菜、花椰菜、萝卜、包心菜等，其次是青菜、小白菜等。其繁殖力强，世代周期短。成虫具有趋光性，昼伏夜出，白天多隐藏在植株丛内。一年发生数代，以蛹在残株落叶或杂草间越冬。成虫春暖后出现，白天潜伏于植株间，夜间活动。交尾后产卵于叶片背面。每头雌虫产卵100～200粒，卵期6～7d。幼虫期12～27d。蛹期平均9d。非越冬代完成1代需30d左右，世代重叠。初孵幼虫先蛀入叶背面组织内为害，1～5d后钻出，取食叶肉，蜕皮3次老熟。在叶背或其他场所结茧化蛹。幼虫活跃，受惊即剧烈扭动，向后倒退或吐丝下垂逃走。温暖干燥气候适宜于小菜蛾发生为害；降雨较多，有抑制其发生为害的作用。

【防控措施】

（1）农业防治。合理布局，避免大范围内油菜周年连作；收获后及时处理残株败叶，可消灭大量虫源。

（2）物理防治。利用其趋光性，放置杀虫灯诱杀小菜蛾，以减少虫源。

（3）生物防治。利用苏云金杆菌（Bt）乳剂可使小菜蛾幼虫感病致死。

（4）性诱防治。每亩设置2～3个小菜蛾性诱捕器，每个生长季放1～2次诱芯，可有效降低虫口数。

（5）化学防治。抓住卵孵化盛期和二龄幼虫发生期防治，药剂可选用甲氨基阿维菌素苯甲酸盐、阿维菌素、阿维·高氯、氯虫苯甲酰胺、溴氰菊酯、茚虫威等进行喷雾。

8. 油菜蚜虫

油菜蚜虫主要有三种，即萝卜蚜（*Lipaphis erysimi* Pseudobrassicae）、甘蓝蚜（*Brevicoryne brassicae*）和桃蚜（*Myzus persicae*），均属半翅目蚜科。

【形态特征】

萝卜蚜：有翅成蚜体长1.6～1.9mm，被有稀少白粉。头部有额瘤但不明显，触角较短，约为体长的1/2。腹管短，稍长于尾毛，管端部缢缩成瓶颈状。头、胸部黑色，腹部绿至黄绿色，腹侧和尾部有黑斑。无翅成蚜全体绿或黄绿色，各节背面有浓绿斑。

甘蓝蚜：有翅成蚜体长2.2～2.5mm，体厚，被有白粉。头部额瘤不明显，触角短，约为体长的1/2。腹管很短，不及触角第五节和尾片，尾片短圆锥形。头、胸部黑色，腹部黄绿色，腹背有暗绿色横带数条。无翅成蚜全体暗绿色，腹部各节背面有断续黑色横带。

桃蚜：无翅孤雌蚜体长1.8～2.0mm，体无白粉。头部有明显内倾额瘤，触角长，与体长相同。腹管细长，中后部稍膨大，比尾片长1倍以上。有翅成蚜头、胸部黑色，腹部黄绿、赤褐色，腹背中后部有一大黑斑。无翅成蚜全体同色，黄绿色、赤褐色或橘黄色。

【为害特点】蚜虫群集在叶背面或茎与角果表面，以刺吸口器吸取油菜汁液，为害叶、茎、果，造成叶片皱缩卷曲、死苗，植株的花序和角果萎缩或全株枯死。其排泄物（蜜露）可诱发霉污病，影响叶片的光合作用，更重要的是还能传播多种蔬菜病毒病。

蚜虫为害油菜花序　　　　　蚜虫为害油菜茎秆

【发生规律】油菜蚜虫为多代性害虫，温度较高，湿度适宜，缺少大雨或暴雨的季节，如果食物条件丰富，繁殖很快，由于其能够在短期内虫口突增，常使作物遭受很大损失。

萝卜蚜与甘蓝蚜为留守式蚜虫，终生在十字花科植物上生活。以卵在窖藏的白菜或田间油菜、其他蔬菜的叶背面越冬。

桃蚜为乔迁式蚜虫，有冬寄主与夏寄主。以卵在冬寄主桃、李、杏等蔷薇科果树枝条上越冬，有的也可以卵在窖藏白菜上越冬。生长季节产生有翅蚜，迁移为害夏寄主十字花科植物。

【防控措施】

（1）物理防治。利用蚜虫对黄色的趋性，采用黄色粘虫板诱杀有翅蚜。

（2）化学防治。可选用1.8%阿维菌素乳油、10%吡虫啉可湿性粉剂、50%抗蚜威可湿性粉剂喷雾防治。

9. 大菜粉蝶

大菜粉蝶 [*Pieris brassicae*（Linnaeus）]，又名欧洲粉蝶，属鳞翅目粉蝶科。

【形态特征】

成虫：体型较大。翅展60～70mm。前翅白色，顶角黑色，内缘呈圆弧形。雌蝶具3个黑斑，亦略呈弧形排列，雄蝶无黑斑。后翅白色，有时略带黄色，前缘具黑斑。

卵：弹头状，淡黄色，高约1mm，表面具纵横网格。

幼虫：老熟幼虫体长38～44mm，头部黑色，胴部蓝绿色，带黑点；体背黄色，体侧具白毛，构成隐约的条纹，各节每侧具一显著黑斑。

蛹：淡黄至绿色，具黑斑或黑点。

【为害特点】大菜粉蝶以幼虫取食，并排泄粪便，后期将叶片吃光，仅留叶脉。

【发生规律】成虫白天活动，卵成丛产于叶面。每雌虫可产2～3丛，每丛50～80粒。初孵幼虫群集为害，后分散到周围植株上取食。老熟幼虫在寄主植株的叶或茎上化蛹。以蛹越冬。

【防控措施】

（1）农业防治。避免连作，收获后要及时清除田间残株落叶，翻耕松土，以减少虫源。

（2）化学防治。可选用5%氯虫苯甲酰胺悬浮剂、15%茚虫威悬浮剂、10%虫螨腈悬浮剂、2.5%溴氰菊酯可湿性粉剂喷雾防治。

大菜粉蝶幼虫及为害状

10. 油菜潜叶蝇

油菜潜叶蝇（*Phytomyza horticola* Gourean），又名豌豆潜叶蝇、夹叶虫、叶蛆，属双翅目潜蝇科。

【形态特征】

成虫：雌虫体长2.3～2.7mm，雄虫体长1.8～2.1mm，体暗灰色，有稀疏刚毛。翅半透明，有紫色反光。

卵：长卵圆形，灰白色，长0.3mm。

幼虫：蛆状，体长2.9～3.4mm，初为乳白色，渐转黄色。前端可见黑色口钩，前胸背面和腹末节背面各有1对气门突起，腹末斜行平截，老熟时体长达3.2～3.5mm。

蛹：长卵圆形略扁，体长2.1～2.6mm，浅黄色渐转为黄褐、黑褐色。

【为害特点】 以幼虫在叶片中潜食叶肉，仅留上、下表皮的细长隧道，严重时布满叶片，呈网状，影响光合作用，甚至全叶枯萎，也可为害嫩枝和角果。

油菜潜叶蝇成虫

【发生规律】 成虫活跃，白天活动，吸食花蜜。对甜汁有趋性，嫩叶上较多。产的卵呈灰白色斑点，每处1粒卵。成虫喜欢选择高大、茂密的植株产卵。成虫出现的适宜温度为16～18℃，幼虫为20℃左右。青海省春油菜区7月上中旬是其为害盛期。

【防控措施】

（1）农业防治。适时进行浅耕除草，破坏潜叶蝇的栖息环境；合理密植，增强田间通风透光，降低湿度。

（2）化学防治。成虫盛发期或幼虫潜蛀时，选用马拉硫磷、敌百虫、甲氨基阿维菌素苯甲酸盐、阿维菌素、溴氰菊酯、印楝素等进行喷雾或喷粉，每隔7～10d防治1次，共防治2～3次。

第三章　马铃薯主要病虫害

　　青海省地处青藏高原与黄土高原西缘地带，海拔高、气候冷凉、光照充足、昼夜温差大，是生产优质商品马铃薯和种薯的天然家园，马铃薯产业是青海省当地的主导产业，常年种植面积120万亩左右。近年来随着马铃薯生产的快速发展，品种调运日益频繁以及连作重茬，病害种类越来越多，为害越来越重，众多的病虫害影响其产量和品质。马铃薯晚疫病、早疫病、黑胫病、环腐病、地下害虫、蚜虫等是当地常发、普发病虫害，马铃薯粉痂病、疮痂病、黑痣病、豆长刺萤叶甲在部分地区有发生。

第一节　马铃薯主要病害

1. 马铃薯晚疫病

　　马铃薯晚疫病又叫马铃薯疫病、马铃薯瘟病，是一种可侵染茎、叶、块茎，并给马铃薯造成毁灭性损失的世界性病害。

　　【病原】致病疫霉 [*Phytophthora infestans*（Mont.）de Bary]，属卵菌。

　　【症状】马铃薯晚疫病为害马铃薯的叶片、茎和块茎。病斑在叶片上多发生于叶尖或叶缘，初为黄褐色，不规则形。天气多雨潮湿时，病斑迅速扩大，外缘呈水渍状，生有一圈白色霉状物。叶片背面尤为明显。病叶很快腐烂变黑，全田一片焦枯，发出特殊的腐败臭味。天气干燥时，病斑扩展很慢，不产生或很少产生白霉。茎部病斑褐色条状，初稍凹陷，潮湿时也生白霉。块茎染病初生褐色或紫褐色大块病斑，稍凹陷，病部皮下薯肉亦呈褐色，慢慢向四周扩大或烂掉。病薯有怪味，不能食用。窖藏期带病薯块的病情可继续发展，造成干腐或湿腐。

　　【发生规律】马铃薯晚疫病主要依靠带菌种薯传播和越冬。播种带菌薯块，导致不发芽或发芽后出土即死去，有的出土后成为中心病株，病部产生孢子囊借气流传播进行再侵染，形成发病中心，致该病由点到面，迅速蔓延扩大。病叶上的孢子囊还可随雨水或灌溉水渗入土中侵染薯块，形成病薯，成为翌年主要侵染源。

　　晚疫病的发生流行与气候和马铃薯的生育阶段有密切关系。天气温凉潮湿，阴雨连绵，早晚多雾、多露，有利于发病和蔓延。7—9月是马铃薯晚疫病的发生盛期，尤以8月为甚。一般出现中心病株后遇到适宜的发病条件，10～15d病害就能扩展至全田植株，约1个月后，全田植株腐烂枯死。

　　【防控措施】

　　（1）选用抗病品种是防治马铃薯晚疫病经济而有效的途径。选种无病种薯是防止初侵染的主要环节。

　　（2）药剂防治。开花前后定期喷施75%百菌清可湿性粉剂600倍液，当环境有利于病害发生时，

马铃薯晚疫病叶片早期症状　　　　　　　　马铃薯晚疫病叶背白霉

马铃薯晚疫病晚期植株症状　　　　　　　　马铃薯晚疫病全田焦枯

使用58%甲霜·锰锌可湿性粉剂或80%烯酰吗啉水分散粒剂进行系统防治，每隔7d喷1次。或者在发病初期每亩喷施68.75%氟菌·霜霉威悬浮剂75mL。

2. 马铃薯早疫病

【病原】茄链格孢（*Alternaria solani* Sorauer），属子囊菌亚门真菌。

【症状】马铃薯早疫病发生较晚疫病稍早。主要为害叶片，病斑近圆形，褐色，与健康组织有明显界线。湿度大时，病斑上生出黑色霉层，发病严重的叶片干枯脱落，田间一片枯黄。一般下部叶片先发病，逐渐向上蔓延。块茎很少发病，发病块茎产生暗褐色稍凹陷圆形或近圆形病斑，边缘分明，皮下呈浅褐色海绵状干腐。

【发生规律】以分生孢子或菌丝在病残体或带病薯块上越冬，翌年种薯发芽病菌即开始侵染。病苗出土后，其上产生的分生孢子借风、雨传播，进行多次再侵染使病害蔓延扩大。高温多湿，植株生长衰弱，利于早疫病的蔓延和侵染，发病较重。受病叶片常提早干枯，降低块茎产量。

【防控措施】

（1）农业防治。加强栽培管理，保证植株生长的水肥条件，促进植株健壮生长，提高抗病能力；收获后深耕灭茬，减少翌年初侵染源。

（2）化学防治。马铃薯封垄后，植株生长稳定期开始，每隔10d喷施一次保护性杀菌剂75%百菌

马铃薯早疫病叶片症状

清可湿性粉剂600 ～ 800倍液。早疫病发病早期及时喷施治疗性杀菌剂80%代森锰锌可湿性粉剂800倍液或32.5%嘧菌酯·苯醚甲环唑悬浮剂1 500倍液，每7d喷1次，共喷3次。

3. 马铃薯黑胫病

【病原】胡萝卜软腐欧文氏菌马铃薯黑胫亚种（*Erwinia carotovora* subsp. *atroseptica*），属欧文氏菌属细菌。

【症状】马铃薯黑胫病为害马铃薯的茎和块茎，引起缺苗断垄。马铃薯的整个生育期均可发病。种薯带病重时，常不能出苗，发芽前烂掉；病轻时，出苗高15 ～ 18cm，陆续出现症状。病株较矮，病株地上部分很易发生凋萎现象，生长衰弱，叶色黄化，地下茎的皮层与髓部变黑，表皮破裂，呈水渍状腐烂。变黑部分直达母薯，薯肉湿软腐败，发出酸臭气味。根系全被破坏，极易拔出，病株很快死亡。发病较轻时，仍可形成块茎，但较小，并多带病，成为来年发病来源。薯块染病始于脐部，呈放射状向髓部扩展，病部黑褐色，横切可见维管束呈黑

马铃薯黑胫病植株茎基部、全株症状

褐色，用手压挤皮肉不分离，湿度大时，薯块变为黑褐色，腐烂发臭。

【发生规律】黑胫病主要依靠带菌种薯传播，也有一小部分是残留在地里的病菌越冬后没有完全分解而成为侵染来源。病菌先通过切薯块扩大传染，引起更多种薯发病，再经维管束或髓部进入植株，引起地上部发病。田间病菌还可通过灌溉水、雨水或昆虫传播，经伤口侵入致病，后期病株上的病菌又从地上茎通过匍匐茎传到新长出的块茎上。贮藏期病菌通过病健薯接触经伤口或皮孔侵入使健薯染病。温、湿度高低是病害流行的主要因素。高温利于发病，但温度较低时，马铃薯生长受阻，伤口木栓化迟缓，也易受侵染。雨水多、积水、低洼潮湿、土壤黏重发病重。土壤干燥，病害不易扩

展。贮藏时过湿，常使轻病薯腐烂，释放出大量细菌，侵害健薯，形成烂窖。播前切薯时，病菌能通过切刀和伤口接触传播。

【防控措施】

（1）选种抗病品种。

（2）挑选种植脱毒种薯。

（3）严格选地，实行轮作。

（4）整薯播种，或切薯时用0.1%高锰酸钾液消毒。

（5）改善贮藏条件：贮藏窖勿过湿，注意通风，剔除病薯，防止传染。

（6）药剂拌种。150kg种薯使用47%春雷·王铜可湿性粉剂80g + 70%甲基硫菌灵可湿性粉剂100g + 滑石粉3kg或6%春雷霉素可湿性粉剂30g + 滑石粉3kg拌种，当天播种。

4. 马铃薯环腐病

马铃薯环腐病又称轮腐病，俗称转圈烂、黄眼圈，是一种世界性的细菌性维管束病害。

【病原】 密执安棒形杆菌环腐亚种[*Clavibacter michiganensis* subsp. *sepedonicus*（Spieckermann et Kotthoff）Davis et al.]，属细菌。

【症状】 马铃薯环腐病主要引起地上部萎蔫和块茎沿维管束环状腐烂。受害植株生长迟缓，节间缩短，瘦弱，分枝减少，叶片变小；受害较晚的植株，症状不明显，仅顶部叶片变小，不表现萎蔫。病株萎蔫症状一般在生长后期才显著，自下而上发展，首先下部叶片萎蔫下垂而枯死。叶片沿中脉向内卷曲，失水萎蔫，叶色灰绿，植株早枯，叶片不脱落；如切断茎秆，用手挤压，可见乳白色有黏性的细菌自维管束溢出。病薯块经过贮藏后，薯皮变为褐色，病株薯尾（脐）部皱缩凹陷，剖视内部，维管束环变黄褐色，环腐部分也有黄色菌脓溢出。薯块皮层与髓部易分离，外部表皮常出现龟裂，常致软腐病菌二次侵染，使薯块迅速腐烂，变黑发臭，以至成为空腔。

马铃薯环腐病病薯　　　　　　　　　　　　　　　　马铃薯环腐病病株

【发生规律】 环腐病菌在种薯内越冬，成为第二年侵染来源。带菌种薯播种后，重者芽眼腐烂不发芽；轻者出苗后病菌沿维管束上升至茎中部或沿茎进入新结薯块而致病。病株自出苗后至开花后期陆续显露症状，大多集中在现蕾至开花盛期。当年地下腐烂的病薯上的病菌可以通过灌溉传播，病株上的病菌可以通过昆虫传播，但比例不大。环腐病菌进入土壤中很容易死亡，故土壤带菌越冬和传病的可能性很小。遗留田间的病薯第二年不能再侵染健株。环腐病的危害程度主要取决于种薯的带菌情况。种薯带菌率高，田间环腐病发生就重。在环境条件中，温度影响较大，发病适温18～24℃，土温超过31℃，病害发生受到抑制。传播途径主要是在切薯块时，病菌通过切刀带菌传染，成为此病蔓延传播的重要途径。

【防控措施】

（1）精选种薯，严格拔除病株，单收单藏，专作留种用。切片消毒与药剂浸种。

（2）切块播种时，切刀用75%乙醇消毒。

（3）播种前每100kg种薯用55%敌克松可湿性粉剂70～100g加适量干细土拌种，或用36%甲基硫菌灵悬浮剂800倍液浸种薯，或用50%乙基硫菌灵可湿性粉剂500倍液浸种薯。

5. 马铃薯黑痣病

马铃薯黑痣病又叫马铃薯立枯丝核菌病、马铃薯褐色粗皮病、马铃薯茎溃疡病，是一种重要的土传真菌性病害，主要表现在马铃薯的表皮上形成黑色或暗褐色的斑块，即黑痣病菌核。

【病原】 立枯丝核菌（*Rhizoctonia solani* Kühn），属子囊菌亚门真菌。

【症状】 主要为害幼芽、茎基部及块茎。幼芽染病，有的出土前腐烂成芽腐，造成缺苗或幼苗根量减少。苗期染病初期，植株叶片发黄，叶片变硬、变脆，叶片卷曲呈舟状。茎基部形成褐色、大小不等的凹陷斑，大小1～6cm。茎基部及块茎生出大小不等、形状各异的小菌核，在成熟的块茎表面形成许多大小形状不规则的、坚硬的、土壤颗粒状的黑褐色菌核，不易去掉，而菌核下的马铃薯表皮完好。

马铃薯黑痣病病薯

【发生规律】 马铃薯黑痣病具有土传病害和种传病害的特点。马铃薯黑痣病菌为土壤习居菌，以菌核和菌丝体在土壤、病株残体及感病植物体内越冬，菌核抗逆性极强，可在土壤中存活2～3年之久。病菌有直接侵染的能力。初侵染源主要为病田土表及病残体中的越冬菌核，带病种薯为重要的初侵染来源，也是病菌远距离传播的重要途径。翌年，当温、湿度条件适宜时，越冬菌核萌发产生菌丝，侵染种薯、茎基部及根部等地下部分引起发病，严重时在病斑上或茎基部常覆有灰白色油漆状的菌丝层。病部长出的气生菌丝，向病组织附近扩展，进行再侵染，病部形成的菌核落入土壤，通过雨水反溅，也可进行再侵染。通过种薯调运和移植进行远距离传播。

【防控措施】

（1）农业防治。选择易排涝、高垄地块种植；适时晚播和浅播，地膜覆盖，以提高地温，促进早出苗，缩短幼苗在土壤中的时间，减少病菌的侵染；加强田间病情监测，发现病株及时拔除，带离种植地深埋，病穴内撒入生石灰等消毒；轮作倒茬以降低土壤中的病菌数量。

（2）化学防治。播种前可用50%多菌灵可湿性粉剂500倍液，或80%代森锰锌可湿性粉剂100倍液浸种10min；发病初期每亩用30%嘧菌酯悬浮剂50mL叶面喷雾。

6. 马铃薯粉痂病

马铃薯粉痂病会影响马铃薯表观，使商品价值降低，而且一旦发病病原菌很难清除。

【病原】 粉痂菌 [*Spongospora subterranea* (Wallr.) Lagerh.]，属卵菌。

【症状】 主要为害块茎及根部，有时茎也可染病。块茎染病初在表皮上出现针头大小的褐色小斑，外围有半透明的晕环，后小斑逐渐隆起、膨大，成为直径3～5mm不等的疱斑，其表皮尚未破裂，为粉痂的封闭疱阶段。后随病情的发展，疱斑表皮破裂、反卷，皮下组织呈现橘红色，散出大量深褐色粉状物（孢子囊球），疱斑下陷呈火山口状，外围有木栓质晕环，为粉痂的开放疱阶段。根部染病于根的一侧长出豆粒大小单生或聚生的瘤状物。

马铃薯粉痂病病薯

【发生规律】病菌以休眠孢子囊球在种薯内或随病残体遗落在土壤中越冬，病薯和病土成为翌年初侵染源。病害的远距离传播靠种薯的调运；田间近距离传播则靠病土、病肥、灌溉水等。休眠孢子囊在土中可存活4～5年，当条件适宜时，萌发产生游动孢子，游动孢子静止后成为变形体，从根毛、皮孔或伤口侵入寄主；变形体在寄主细胞内发育，分裂为多核的原生质团；到生长后期，原生质团又分化为单核的休眠孢子囊，并集结为海绵状的休眠孢子囊球，充满寄主细胞内。病组织崩解后，休眠孢子囊球又落入土中越冬或越夏。一般降水量多、夏季较凉爽的年份易发病。本病发生的轻重主要取决于初侵染病原菌的数量，田间再侵染即使发生也不重要。本病在中性或微碱性土壤中易发生，最好在土质偏酸的土壤中种植。

【防控措施】
（1）严格检疫，对病区种薯严加封锁，禁止外调，病区实行5年以上轮作。
（2）对于易在偏酸性土壤中发生的马铃薯粉痂病，可用2%盐酸溶液浸种，淘汰病薯后晾干播种。
（3）选留无病种薯，把好收获、贮藏、播种关，剔除病薯，必要时可用2%盐酸溶液将种薯浸湿，再用塑料布盖严闷2h，晾干播种。
（4）增施基肥或磷、钾肥和中微量元素，施用土壤调理剂，改变土壤pH。加强田间管理，提倡采用高畦栽培，避免大水漫灌，防止病菌传播蔓延。

7. 马铃薯疮痂病

【病原】疮痂链霉菌（*Streptomyces* spp.），属放线菌。
【症状】为害马铃薯块茎，块茎表面出现近圆形至不定形木栓化疮痂状淡褐色病斑或斑块，手摸质感粗糙，一般分为两种发病症状，分别是网纹状病斑和裂口状病斑（容易被误认为马铃薯粉痂病）。通常病斑虽然仅限于皮层，但被害薯块质量和产量仍可降低，不耐贮藏，且病薯外观不雅，商品品级大为下降，导致经济损失。病斑仅限于皮部，不深入薯内，区别于粉痂病。

【发生规律】土传病害，病菌在土壤中腐生或在病薯上越冬。块茎生长的早期表皮木栓化之前，病菌从皮孔或伤口侵入后发病，当块茎表面木栓化后，侵入则较困难。病薯长出的植株极易

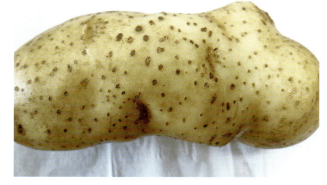

马铃薯疮痂病病薯

发病，健薯播入带菌土壤中也能发病。适合该病发生的温度为25～30℃，中性或微碱性沙壤土中发病重，pH5.2以下很少发病。品种间抗病性有差异，白色薄皮品种易感病，褐色厚皮品种较抗病。

【防控措施】

（1）选用无病种薯，不从病区调种。应选用表面完整、无病的薯块做种。长期发病的地块，发病较轻时也应停种几年。施用酸性肥料以提高土壤酸度，避免施用过量的石灰。

（2）药剂防治。用33.5%喹啉铜悬浮剂200倍液浸种，或用20%噻唑锌悬浮剂500倍液沟喷。

第二节　马铃薯主要害虫

马铃薯常见的害虫主要有蚜虫、蛴螬、金针虫、地老虎、豆长刺萤叶甲等。蛴螬、金针虫、地老虎在地下害虫章节详细介绍，本节仅介绍马铃薯蚜虫和豆长刺萤叶甲。

1. 马铃薯蚜虫

为害马铃薯的蚜虫有棉蚜（*Aphis gossypii* Glover）和桃蚜（*Myzus persicae* Sulzer），均属半翅目蚜科。蚜虫不仅吸食植物汁液，还能传播多种病菌。

【形态特征】

（1）棉蚜。

干母（由越冬卵孵出）：体长1.6mm，暗绿色。触角5节，为体长的一半。

无翅胎生雌蚜：体长1.5～1.9mm，体色有黄、青、深绿、暗绿等。触角6节，为体长的1/2或稍短于1/2，感觉圈生于第五、六节上。复眼暗红色。前胸背板两侧各有1个锥形小乳突。腹管黑色或青色，呈圆筒形，基部略粗，上有瓦砌纹。尾片青色或黑色，两侧各有刚毛3根。

有翅胎生雌蚜：体长1.1～1.9mm，有黄、浅绿或深绿色。触角比身体短，第三节上有5～8个感觉圈，排成一行；翅透明，中脉三分叉。

卵：初产时橙黄色，后变深褐色，后转黑色，椭圆形，长0.5～0.7mm。

若蚜：体型小，分4龄，初龄看不见翅芽。

（2）桃蚜。体长2mm。有翅型头、胸部黑色，腹部淡暗绿色，背面有淡黑色斑纹。复眼赤褐色，额瘤发达。腹管黑色，很长，中部稍膨大，末端缢缩。尾片两侧各有长毛3根。无翅型全身绿色、橘黄色或赤褐色，并带光泽，其他特征与有翅型相似。

马铃薯蚜虫

【发生规律】棉蚜一年内繁殖代数，随地区温度有所不同，在青海省每年大约可繁殖10代，以卵在树皮裂缝或草根上越冬。越冬寄主（第一寄主）有花椒、车前草、苦菜、益母草等。次年从卵中孵出的蚜虫先在越冬寄主上生活，然后迁移到另外一种植物——侨居寄主（第二寄主或复寄主）上，侨居寄主有瓜类与马铃薯等。秋季再飞回越冬寄主上产卵。春天，当气温达6℃时开始孵化为干母，行孤雌生殖，产生有翅胎生蚜与无翅胎生蚜。棉蚜的繁殖力很强，繁殖的最适温度为16～24℃。

桃蚜为乔迁式蚜虫，有冬寄主与夏寄主。以卵在冬寄主蔷薇科果树，如桃、杏、李等枝条上越冬，有的也可以卵在窖藏白菜上越冬。生长季节产生有翅蚜，迁移为害夏寄主十字花科植物。

【防控措施】

（1）农业防治。春季和秋季清除田边杂草，以减少虫源。

（2）药剂防治。可用吡虫啉、啶虫脒、抗蚜威、甲氰菊酯等喷雾。

2. 豆长刺萤叶甲

豆长刺萤叶甲（*Atrachya menetriesi* Faldermann），属鞘翅目叶甲科。食性杂，可取食农作物和野生植物上百种，寄主有豆科、瓜类、柳、水杉、马铃薯等。

【形态特征】成虫体长5～6.5mm，头的大部分黑褐色，中胸、后胸、触角（基部二至三节黄褐色）和足黑褐色至黑色。前胸背板有5个褐色斑，基部一横排3个，中部两侧各1个。触角第一节长，第三节为第二节的1.5倍。第四至六节近于等长，微长于第三节。前胸背板无凹窝，宽约是长的2倍。小盾片黑色，三角形，光洁无刻点。鞘翅黑色，刻点细密。雄虫腹部末节腹板三叶状。前足基节窝开放，后足胫节端部具较长刺，第一跗节长于其余3节之和，爪附齿式。

豆长刺萤叶甲雌成虫

豆长刺萤叶甲雄成虫

【为害特点】豆长刺萤叶甲在青海省主要为害期在7—8月，以成虫取食马铃薯叶片，受害叶片呈孔洞、缺刻，严重时除主脉外整个叶片被吃光。

豆长刺萤叶甲为害状

【防控措施】
（1）农业防治。及时铲除田边、地埂、渠边杂草，秋季深翻灭卵。
（2）化学防治。成虫盛发期喷洒辛硫磷、氯氰菊酯或三氟氯氰菊酯控制为害。

第四章　青稞主要病害

青稞（*Hordeum vulgare* L.var. *nudum* Hook.F.），又称裸大麦、元麦，有较强的抗寒、抗旱、早熟高产性，是青海省当地的优势作物之一，对当地农牧民生产、生活有重要意义，常年种植面积114万亩左右。青稞含有大量膳食纤维和有益于人体健康的微量元素，通常用于制作饼干、挂面、糌粑、青稞酒等，在保健品、食品、酿酒等领域具有广阔的市场前景和发展潜力。近年来随着青稞种植面积的不断扩大、连作、重茬、防治不及时等原因，病虫害种类越来越多，为害越来越重，影响其产量和品质。青稞条纹病、云纹病、黑穗病、穗腐病、赤霉病等是当地常发病害。

1. 青稞条纹病

青稞条纹病是青海省青稞的重要病害，全省各地都有发生，以脑山地区发病较重，损失较大，个别重病田减产50%以上，甚至无收。

【病原】有性世代麦类核腔菌（*Pyrenophora graminea*），无性世代禾内脐蠕孢（*Drechslera graminea*），属子囊菌亚门真菌。

【症状】平行于叶脉方向出现黄色条纹，条纹病斑纵向逐渐延伸至整片叶，然后病组织迅速坏死，由于病斑间经常彼此合并，导致病叶完全枯死，呈现条状撕裂的现象。病株结实少且籽粒皱缩不饱满、颜色偏暗，发病较早的植株（苗期）病株会出现矮化现象，到灌浆期全株枯死。

【发生规律】条纹病主要依靠种子传播，带菌种子是发病的初次侵染源。种传病原菌引起的单侵染循环病害，以寄生在青稞籽粒颖壳、果皮和种皮部位的种传菌丝生存，种子的胚未受到侵染；最严重的侵染主要发生在青稞籽粒发育早期阶段。条纹病病原菌侵染温度范围在10～33℃之间，青稞抽穗期间，在高湿条件下病叶上产生分生孢子，分生孢子被风吹到附近的健康穗上，病原菌能在抽穗、灌浆到成熟期整个种子发育期内的任何阶段侵染种子。

青稞条纹病叶片症状

影响发病的主要因素有播种期早晚、土壤温湿度、大气温湿度等。播种太早，土温较低，幼芽出土期长，有利于病菌侵入。土壤湿度过高，一方面使青稞生育受阻，另一方面引起土温降低，从而导致病害加重。青稞扬花前后，降雨多，湿度大，阴天和雾天多，气温较高，有利于分生孢子传播、萌发和侵入，增加种子的带菌率，来年发病加重。

【防控措施】

（1）选用无病种子，建立无病留种田。

（2）冷水温汤浸种。先将种子用冷水浸4～5h，然后用52℃温水浸5min，立即捞出摊开晾干播种。或用1%石灰水浸种48h，晾干播种。

（3）药剂拌种。用6%戊唑醇悬浮种衣剂30～40g兑水1.5～2kg，拌种100kg，或每千克种子用2.5%咯菌腈悬浮种衣剂1.5mL拌种或每100kg种子用3%苯醚甲环唑悬浮种衣剂330mL拌种，晾干后播种。

2. 青稞白粉病

【病原】 禾谷白粉菌大麦专化型（*Erysiphe graminis* f.sp.*hordei*），属子囊菌亚门真菌，专性寄生菌，只能在活的寄生组织上生长繁殖。

【症状】 禾谷类白粉菌大麦专化型能侵染寄主所有地上部位，但侵染叶片正面居多。侵染后会在寄主表面形成白色霉斑，侵染位点的叶片背面组织变成灰绿色至黄色，随着侵染时间的推移，白色至黄色的菌丝团周围出现黄色至棕色的坏死组织。苗期发病，对高感品种造成较大损失。

【发生规律】 该病害为气传多次侵染循环病害，全生育期发病，气传子囊孢子或分生孢子是白粉病主要初侵染源。孢子的有效传播距离能达到几百公里，高湿条件下孢子易萌发，适宜条件下，从孢子萌发、侵染到再次产孢只需要7～10d的时间。病菌侵染所需适宜温度范围为15～22℃，高于25℃时病害发展受到明显抑制。

【防控措施】

（1）选用抗病品种。含有不同抗性基因的混合品种或多系品种进行合理时空布局。

（2）药剂防治。发病初期，每亩用12.5%烯唑醇可湿性粉剂20～30g或30%嘧菌酯悬浮剂50g，兑水30～45kg；穗期用25%吡唑醚菌酯悬浮剂30～40g或43%戊唑醇悬浮剂15mL，兑水10kg，叶面喷施。

青稞白粉病症状（蔺瑞明提供）

3. 青稞赤霉病

【病原】 主要是禾谷镰孢菌（*Fusarium graminearum*），其他病原菌包括燕麦镰孢菌（*Fusarium avenaceum*）、黄色镰孢菌（*Fusarium culmorum*）、梨孢镰孢菌/早熟禾镰孢菌（*Fusarium poae*）和雪霉镰孢菌（*Microdochium nivale*），均属子囊菌亚门真菌。

【症状】 在颖壳基部、中部或在穗轴上出现水渍状略带褐色的小斑，外颖壳的合缝处或在受侵染的小穗基部常出现明显的橙红色至略带红色的菌丝团和分生孢子堆。病粒内部变色，成为粉状。受侵染的小穗成熟前就枯死。造成小花不育和籽粒皱缩空瘪，受到侵染的籽粒含有真菌毒素，可导致动物拒食或呕吐。

【发生规律】 寄主病残体和带菌种子是主要初始菌源，分生孢子通过气流、雨水扩散。当温度范围

青稞赤霉病症状（蔺瑞明提供）

在25 ～ 30℃，且遇到降雨或大的露水形成持续高湿环境时，侵染后3d内穗部就会出现枯死症状。

【防控措施】

（1）农业防治。与非寄主作物轮作3年以上，消灭病残体，深耕，将作物残体埋入土壤中。保持田间通风、排水，减少田间湿度。

（2）药剂防治。发病初期，喷洒70%甲基硫菌灵可湿性粉剂、25%多菌灵可湿性粉剂等杀菌剂喷雾防治。

4. 青稞根腐病

【病原】 最常见的病原菌是平脐蠕孢菌（*Bipolaris sorokiniana*）[有性世代为禾旋孢腔菌（*Cochliobolus sativus*）]、黄色镰孢菌（*Fusarium culmorum*）和禾谷镰孢菌（*F.graminearum*），均属子囊菌亚门真菌。

【症状】 当幼苗受到种传菌源侵染，会引起幼苗矮化，胚芽鞘和根呈褐色；若被土传初侵染菌源侵染，在根部、下部叶鞘和次茎基节间形成椭圆形褐色小病斑。鉴定根腐病侵染，必须拔出病株，检测茎基和次茎基节间部位，发病较严重的植株会出现早熟，并伴随白化症状。

【发生规律】 病残体和带菌种子是主要初始菌源，气流、雨水是分生孢子主要传播媒介；环境因素对根腐病的发病严重度影响极大，播种后降雨，土壤湿度大，土温低，出苗慢；播种较深，出苗慢等情况利于病原菌生长。

青稞根腐病症状（姚晓华提供）

【防控措施】

（1）农业防治。使用抗（耐）病品种，合理轮作，消灭病残体，适时播种。

（2）药剂防治。可选用苯醚甲环唑、丙环唑、三唑酮等进行拌种或包衣。

5. 青稞叶斑病

【病原】 平脐蠕孢菌（*Bipolaris sorokiniana*），属子囊菌亚门真菌。

【症状】 在成株期感病植株上，病斑为典型的圆形、长方形或梭形，褐色至深褐色，四周边缘组织褪绿变黄，具黄色晕圈，病斑宽度一般受叶脉限制。叶斑病能显著降低大麦粒重，使籽粒变小，粒重和籽粒大小最高减少40%，减产幅度一般为20%左右。

【发生规律】 带菌种子、寄主病残体、植物残体上或土壤中的分生孢子是主要初始菌源，也可能是由经气流传播来的分生孢子引起初侵染。16h以上的温暖（20℃以上）、潮湿条件有利于该病的流行与发展。

青稞叶斑病症状（蔺瑞明提供）

【防控措施】

（1）农业防治。与非寄主作物轮作；使用抗病品种，如来自美国核心育种材料ND B112的六棱大麦品种。

（2）药剂防治。发病初期喷施百菌清、甲基硫菌灵等药剂，间隔7 ～ 10d喷药，喷2 ～ 3次。

6. 青稞云纹病

青稞云纹病在冷凉、半湿润地区发生较为普遍，平均减产一般为1% ～ 10%，严重年份

35%～40%。

【病原】黑麦喙孢菌 [*Rhynchosporium secalis* (Oudem.) J.J.Davis]，属子囊菌亚门真菌。

【症状】可为害青稞胚芽鞘叶片、叶鞘、颖片、花苞和麦芒，形成坏死斑，多在叶片和叶鞘上为害。初在叶片和叶鞘上产生白色透明小斑，后逐渐扩大，变为青灰色至淡青褐色，边缘褐色，最后病斑内部变为灰白色，病斑呈纺锤形或椭圆形。病斑多时，常互相连接成云纹状，叶片枯黄。湿度大时，病斑上形成灰色霉层，为病菌的分生孢子及分生孢子梗。

【发生规律】云纹病主要靠分生孢子与菌丝体在被害组织上越冬，寄主病残体和带菌种子是主要初始菌源，飞溅的水滴是分生孢子的主要传播媒介，带菌种子远距离传播普遍发生，青稞播种后，

青稞云纹病症状（蔺瑞明提供）

分生孢子借风雨传播侵染幼苗。依靠病斑上形成的分生孢子可多次侵染，使病害逐渐蔓延扩大。收获后，病菌在寄主组织残体上休眠越冬。低温和高湿有利于该病的发生与流行。特别是10～18℃的潮湿条件是病原菌最适宜的繁殖环境。青稞发育不良和生长嫩弱时，易于受害。施用带菌粪肥，利于发病。

【防控措施】

(1) 农业防治。秋收后及时进行耕翻灭茬，促进病残组织腐烂分解，消灭病原。

(2) 药剂防治。病害发生初期，每亩用50%多菌灵可湿性粉剂75～100g、75%肟菌·戊唑醇水分散粒剂20g、43%戊唑醇悬浮剂15mL、70%甲基硫菌灵可湿性粉剂20～25g兑水喷雾。病害较重时，隔7～10d再喷一次。

7. 青稞网斑病

【病原】有性世代为圆核腔菌（*Pyrenophora teres* Drechs.），无性世代为大麦网斑内脐蠕孢菌 [*Drechslera teres*（Sacc.）Shoemaker] [异名为大麦网斑长蠕孢菌（*Helminthosporium teres* Sacc.）]，包括 *P.teres* f.*teres*（网斑型）和 *P.teres* f.*maculata*（斑点型）两种致病类型，属子囊菌亚门真菌。

【症状】青稞幼苗至成株期均可发生，主要为害叶片及叶鞘，极少发生在茎上。基部叶片首先发病，尖端部分变黄，其后生轮廓不清晰的褐色病斑，内部生有纵横交织的暗褐色或黄褐色的细线，似网纹状。病斑最初以圆形或椭圆形小斑点出现，然后迅速沿叶脉纵向扩大，从而形成深棕色狭长条纹，叶片被侵染部位呈棕色，病斑周围组织褪绿。在青稞种植区普遍发生，平均减产15%～35%。

【发生规律】病残体上的分生孢子和子囊孢子是主要初侵染源，通过气流、雨水传播，通过带菌种子远距离传播。初侵染病斑在潮湿的环境下产生的分生孢子可作为再侵染菌源，即青稞在生长期间可受到多次侵染。在低温、高湿、少日照的情况下，青稞网斑病易发生。20℃、相对湿度100%的条件下，

青稞网斑病症状（蔺瑞明提供）

青稞网斑病发展迅速。

【防控措施】

（1）农业防治。选用抗病品种，轮作倒茬。

（2）药剂防治。每100kg种子可选用30g/L苯醚甲环唑悬浮种衣剂200～400mL包衣。病害发生初期用65%代森锌可湿性粉剂500倍液，80%代森锰锌800倍液或50%多菌灵可湿性粉剂600～800倍液喷雾防治。

8. 青稞黑穗病

青稞黑穗病主要包括散黑穗病、坚黑穗病、假散黑穗病和矮腥黑穗病。常见为散黑穗病和坚黑穗病2种。

【病原】 散黑粉菌 [*Ustilago nuda* (Jen.) Kellrerm. et Swigle] 侵染引起青稞散黑穗病；大麦坚黑粉菌 [*Ustilago hordei* (Pers.) Lagerh.] 侵染引起青稞坚黑穗病，两种病原菌均为担子菌亚门真菌。

【症状】

青稞散黑穗病：病穗呈褐色或深褐色粉状，外层有白色薄膜包裹，包裹病穗的薄膜在病穗刚露出苞叶时随即破裂，冬孢子被风吹散，几天内病株只剩下裸露的穗轴。有的感病植株较正常健株高，且抽穗较正常健株略早。

青稞坚黑穗病：病粒内部的厚垣孢子之间有油脂类物质相互黏结，很紧，不易破裂，黑穗薄膜可以坚持到蜡熟期才破裂，且深褐色的孢子不易被风吹散。病穗较健穗轻，常直立于田间，病穗颜色不同，易识别。

青稞散黑穗病症状（蔺瑞明提供）　　　青稞坚黑穗病症状

【发生规律】

青稞散黑穗病：病菌在储存的种子上长期存活，种子萌发时，除穗轴外，其他组织均可被侵染并变成黑粉团。黑粉团形成时，菌丝分化形成冬孢子。冬孢子主要靠风传播扩散，仅在花期侵染。潮湿和温度适中（16～22℃）时，青稞花期会延长，利于病菌侵染。

青稞坚黑穗病：病菌厚垣孢子生命力很强，收获时，病粒散落到土壤中，在土壤中一般可存活3年，成为主要侵染来源。另外，麦收脱粒时造成种子带菌，是新发生病害的主要侵染来源。播种后土壤温、湿度对病原菌侵染过程影响较大。播种后土壤比较干燥、土温低或播种较深，则出苗缓慢，增大病原菌侵染概率，发病往往较重。播种时土壤温度为10～25℃，土壤湿度适中（含水量40%～50%），发病率较高；尤其是在土壤温度20℃时，非常适合病原菌冬孢子萌发和菌丝生长及入侵，发病率最高。播种后温度变幅较大时，发病率也较高。

【防控措施】

（1）农业防治。精选种子，建立无病留种田。与非麦类作物进行3年以上的轮作倒茬，使土壤中的病菌找不到寄主。及时拔除病株，集中深埋或销毁。

（2）化学防治。选用50%多菌灵可湿性粉剂或70%甲基硫菌灵可湿性粉剂与种子重量按3∶1000的比例拌匀，喷少许水，利于药剂附着在种子上，拌种后闷2h后播种。用6%戊唑醇悬浮种衣剂30～40g兑水1.5～2kg，拌种100kg，或用3%苯醚甲环唑悬浮种衣剂330mL拌种100kg，晾干后播种。

9. 青稞黄矮病

【病原】青稞黄矮病由黄化病毒属的多个株系侵染引起，病毒由蚜虫以持续性传播方式传播，病原为大麦黄矮病毒（*Barley yellow dwarf virus*，BYDV）。

【症状】受到大麦黄矮病毒侵染的植株老叶片绿色组织沿叶边缘、叶尖或叶片中间出现不均匀的褪色斑。褪色区域经常呈现鲜黄色，但病变组织变为红色或紫色，这种点片状、不均匀的褪色是青稞黄矮病的典型特点之一。叶片颜色变化之外，病株节间伸长受到抑制，出现植株矮化现象，病叶变短或卷曲，叶片边缘深锯齿状，严重时不能抽穗或分蘖数减少，常发生败育。

青稞黄矮病症状（蔺瑞明提供）

【发生规律】病毒在寄主体内系统分布，病毒多聚集在分蘖节部位越冬。必须借蚜虫传播，介体昆虫有麦二叉蚜（*Schizaphis graminum*）、麦长管蚜（*Macrosiphum avenae*）、禾谷缢管蚜（*Rhopalosiphum padi*）等。低光照强度和低温环境能抑制大麦黄矮病症状的扩展，气温16～24℃利于发病。蚜虫在植物上取食不到15min就能获得大麦黄矮病毒并能成功传毒，但蚜虫获毒后24～48h是其最佳传毒时期。野生和栽培禾本科植物以及玉米等作物是病毒传播介体的中间寄主，这些寄主植物是大麦黄矮病毒传播的初始来源。天气冷凉、潮湿时大麦黄矮病易发生与流行，这种气候条件利于杂草和禾本科作物生长，也利于蚜虫繁殖和迁飞。

【防控措施】

（1）加强田间管理。播种前施足底肥，精细整地，在分蘖期和拔节期施加尿素，出苗后加强田间管理，以促进作物健壮生长，增加对病虫的抵抗能力。冬闲时节对田间、地边的植株残体、杂草和枯枝进行彻底清除，减少蚜虫的越冬场所。

（2）防治蚜虫，可选用抗蚜威、吡虫啉、噻虫胺、菊酯类药剂。

10. 青稞穗腐病

一般青稞发病地块的穗腐病病穗率为1%～5%，发病严重地块的病穗率高达20%以上，穗腐病已成为青稞穗部的一种主要病害。病原菌寄主种类有青稞、小麦、燕麦、黑麦、小黑麦等麦类作物和野燕麦、赖草、冰草和碱茅等禾本科杂草。

【病原】禾生指葡孢霉（*Dactylobotrys graminicola*），属子囊菌亚门真菌。

【症状】有两种类型。①病株不能抽穗，穗组织包裹在叶鞘内完全腐烂，旗叶叶鞘外侧形成典型的梭形褐色病斑，又叫鞘腐病，在侵染初期叶鞘上的病斑边缘不清晰，浅褐色或紫褐色，后期逐渐扩大形成云纹状大梭形或长条状病斑，病斑外缘常呈淡黄色或黄褐色晕圈，部分病穗大部分甚至全部叶鞘变为褐色。②病株能正常抽穗或抽出部分穗，但部分或全部小穗坏死而不能结实，未被侵染的小穗可以正常结实，叶鞘上很少出现梭形褐色病斑。

【发生规律】青稞穗腐病病原菌与传播介体穗螨（*Siteroptes* spp.）组成互利共生体系，穗腐病的初侵染源来自穗螨贮孢囊携带的病原菌孢子。青稞成熟期穗螨成螨相继从穗部脱落或随病穗落入表层土壤中越冬，第二年早春，越冬后的成螨向地上部转移并聚集在青稞幼苗圆锥状心叶的中上部位，直到孕穗初期迁移至旗叶叶鞘紧密包裹的幼穗组织上引发穗腐病。青稞病穗组织上产生大量的菌丝体，为穗螨生长繁殖提供所需营养。目前对于穗螨如何在漫长的侵染间隔期保护贮孢囊中病原菌孢子活

青稞穗腐病不抽穗症状

青稞穗腐病抽穗症状

力，如何使在病穗组织上形成的病原菌菌丝体不被其他寄生真菌污染尚不清楚。

【防控措施】尚无有效防控措施。

11. 青稞条锈病

【病原】条形柄锈菌大麦专化型（*Puccinia striiformis* West.f. sp. *hordei*），属担子菌亚门真菌。能侵染大麦、小麦及许多禾本科植物。

【症状】条锈病又叫火风，主要发生在青稞的叶片、叶鞘及茎秆上。有时也发生在穗、芒和籽粒上。病叶上有橙黄色椭圆形小斑点，顺叶脉排列成条纹，叶片上有许多似铁锈样的黄色粉末，即从叶脉间的叶肉组织中发育成的夏孢子堆，待夏孢子堆形成冬孢子堆后，冬孢子在收割后的青稞残茎上或者在种子上越冬。

【发生规律】病菌喜低温潮湿，在病害循环过程中，能否顺利越冬、越夏是病害流行与否的关键。夏季为高发期，秋季发生程度较轻，潮湿的环境会使病原菌快速繁殖扩散，过度施用氮肥、间作不当等因素会加重青稞条锈病的发生。病菌菌丝在−5℃

青稞条锈病症状（蔺瑞明提供）

仍能存活，夏孢子在15℃会很快失去活性，最适萌发温度是5～15℃，最低萌发温度是0℃，最高是21℃。气温10～15℃且连绵阴雨天气或有露水时利于病害发生。

【防控措施】

（1）选用抗病品种。

（2）药剂防治。病叶率5%～10%时，可选择三唑酮、烯唑醇、三唑醇、粉唑醇、丙环唑、腈菌唑等进行喷雾防治。也可用种子重量0.2%的三唑酮乳油拌种。

第五章 蚕豆主要病虫害

蚕豆（*Vicia faba* L.）是兼粮食、蔬菜、饲料、绿肥为一体的高效作物，具有"养人、养畜、养地"功能，是青海省特色农业经济作物和唯一的出口农产品，是农户的重要经济来源。蚕豆常年种植面积16万亩，随着种植面积不断扩大，病虫害逐年加重，常见的蚕豆病虫害有蚕豆赤斑病、褐斑病、轮纹病、锈病、蚜虫、豌豆根瘤象、蚕豆象等，对蚕豆的安全生产与保存产生影响，严重影响蚕豆种植业的健康发展。

第一节 蚕豆主要病害

1. 蚕豆赤斑病

【病原】蚕豆赤斑病菌*Botrytis cinerea* Pers.及*Botrytis fabae* Sard.，均属子囊菌亚门真菌。

【症状】赤斑病主要为害叶片，也为害茎、花和幼荚等。下部叶片及茎部先发病，逐渐向上发展。叶片正、背两面都可产生病斑。病斑开始是针尖大小的铁灰色小点，后发展成直径2～4mm的圆斑。病斑边缘稍隆起，栗褐色；中部浅褐色，稍凹陷。每片叶常可产生很多病斑。在嫩叶上，病斑与健部有明显界限，一般不产生孢子。叶片衰老时，如逢阴雨连绵，则病斑迅速扩大，连成边缘模糊不清的不定形大斑，上生灰色霉层。最后，病叶灰黑枯死而凋落。叶柄及茎部病斑多为赤褐色条斑，表皮常破裂。枯死的茎秆内部有时产生黑色肾脏形的小菌核。幼荚病斑可穿透荚壁，侵及种皮。

【发生规律】通过菌核、菌丝在土壤、落叶和种子上越冬。第二年蚕豆现蕾期以后，如遇降雨或浇水，菌核或病组织中的菌丝产生分生孢子，随风雨传播侵染，引起田间发病。产生分生孢子时要求低温、多湿，夏、秋逢有阴雨连绵天气，赤斑病流行，为害严重。

该病发生流行主要取决于蚕豆盛花期的气候情况。干旱高温能抑制病菌，病害发生就较轻微。蚕豆播种量大，植株过密，通风透光不良，湿度较高，一般发病重。蚕豆赤斑病菌是弱寄生菌，蚕豆长势弱，利于病害的发生。此病在田间多成片发生，有发病中心，发病中心附近发病早而重。蚕豆遭受冻害等自然灾害，利于发病。

【防控措施】

（1）农业防治。实行轮作，重茬蚕豆土壤中积累病菌多，受害较重，要与小麦等轮作。适度密植，植株较密时，应及时分行、压行和摘心，保证田间通风透光，减轻病害的发生为害程度。及时翻茬深耕，蚕豆收获后，及早翻茬或深耕，使病残组织加速腐烂分解，把菌核压于深层土壤，可加速病菌死亡，减少病菌的侵染机会。

（2）药剂防治。发病初期，用甲基硫菌灵、多菌灵、苯醚甲环唑、苯甲·嘧菌酯、腈菌唑、嘧霉

蚕豆赤斑病叶片症状

胺、异菌脲、腐霉利、乙烯菌核利等喷雾，间隔7～10d喷1次。

2. 蚕豆褐斑病

【病原】蚕豆褐斑病菌（*Ascochyta pisi* Lib.var.*fabae* Sprag.），属子囊菌亚门真菌。

【症状】蚕豆褐斑病在叶片上开始出现赤褐色小斑，后扩大为圆形或椭圆形大斑，直径可达3～8mm。病斑边缘明显，红褐色；中心呈灰褐色，后期密生黑色小粒点，无明显轮纹症状。病斑多时，可相互愈合成不规则的大型斑，引起叶片枯死。荚上病斑暗褐色，周缘黑色，中央凹陷，严重时荚果枯萎干秕，种子瘦小，有的不能发芽。茎上病斑与荚上相似，有时边缘不明显。种子受害，种皮表面产生褐色或黑色斑污。

蚕豆褐斑病叶片症状

【发生规律】蚕豆褐斑病菌以分生孢子器在病残组织内越冬，亦以菌丝体潜伏于种子内越冬。第二年蚕豆开花后，以分生孢子进行初侵染，或以带菌种子为初侵染来源。田间发病后，病菌借风或昆虫传播，能多次侵染。也侵害豌豆及其他豆科植物。种子带菌率高，田间遗留病残组织多，植株稠密，长势较弱，温湿度高，都有利于病害发生。

【防控措施】

（1）农业防治。蚕豆收获后，收集田间病残组织，销毁或高温堆肥，消灭越冬菌源。选用无病种子，适当密植，增施肥料，压行摘心。和小麦、马铃薯或玉米进行轮作，一般是蚕豆—小麦—马铃薯轮作、蚕豆—小麦—玉米轮作等，3年一轮。

（2）药剂防治。选用药剂及防治方法同蚕豆赤斑病。

3. 蚕豆轮纹病

【病原】轮纹尾孢（*Cercospora zonata* G．Winter），属子囊菌亚门真菌。

【症状】蚕豆轮纹病菌主要侵染叶片，有时也侵染茎表皮、叶柄和荚。叶片染病初期，着生紫褐色的圆形小斑，扩大后呈圆形、长圆形或不规则形，直径1～14mm，平均5～7mm，病斑中央浅灰色至黑褐色，边缘深紫色，环带状，病斑呈现同心轮纹。一片蚕豆叶上常见多个病斑，病斑融合成不规则大型斑，变黄，最后呈黑褐色，病部穿孔或干枯脱落。湿度大或雨后及阴雨连绵的天气，病斑上长出灰色霉层，即为病菌的分生孢子梗和分生孢子。病斑中央组织坏死，往往腐烂穿孔，病叶多发黄，易凋落。叶柄和茎染病病斑呈长梭形至长圆形，中间灰褐色，常凹陷，边缘深赤色。豆荚上的病斑小，圆形，黑色，略凹陷。

蚕豆轮纹病症状

【发生规律】 高湿是病菌分生孢子形成、萌发及侵入寄主的必要条件。温度18～26℃、相对湿度90%以上时，最有利于病菌侵染。蚕豆苗期多雨潮湿易发病，土壤黏重、排水不良或缺钾发病重。病叶的增加和病害蔓延主要受气温高低及前3～5d早晨叶片上有无露水两个条件制约：一般连续3d早晨蚕豆叶上有露水，气温为18～20℃，发病出现高峰。播种过早、蚕豆和玉米套种会导致发病加重。

【防控措施】

（1）农业防治。合理确定种植密度，加强通风透光，促使植株生长健壮，提高抗病能力。清除病株残体，深翻灭茬，以杜绝病菌来源。病害初发时，及早摘除病叶，加以销毁，减少再次侵染源。

（2）药剂防治。发病初期可选用代森锰锌、甲基硫菌灵、氢氧化铜、乙霉·多菌灵、多·霉威、嘧菌酯、多菌灵等防治。

4. 蚕豆锈病

【病原】 蚕豆单胞锈菌 [*Uromyces viciae-fabae* (Pers.) de Bary]，属担子菌亚门真菌。

【症状】 蚕豆锈病感染初期，在叶片两面生成一些黄色或白绿色的小斑点，颜色会慢慢加深，表现出锈褐色和黄褐色，斑点会逐渐隆起和扩大，呈锈褐色病斑，外缘有黄色晕圈。最终形成夏孢子堆。夏孢子堆破裂以后又会繁衍出新的夏孢子，逐渐蔓延扩大。蚕豆发病较严重时，整个茎、叶都会被夏孢子堆占满，到后期病斑表皮破裂向左右两边卷曲，散发出黑褐色的粉末，即冬孢子，俗称黄锈。最终蚕豆叶片迅速枯萎和脱落，导致蚕豆植株早衰，结荚少，籽粒不饱满，重者死亡。

【发生规律】 病菌喜温暖潮湿，气温14～24℃适于孢子萌发和侵染，夏孢子迅速增多，气温20～25℃易流行。低洼积水、土质黏重、生长茂密、通透性差发病重。植株下部的茎、叶发病早且重。

【防控措施】

（1）种子处理。选用无病豆荚，进行单独脱粒留种。播种前进行种子消毒：将种子放入56℃的温水中浸5min，或在冷水中浸1d后再在45℃温水中浸10min。

（2）农业防治。避免连作；适当密植，及时整枝，注意田间通风透光；及时做好开沟排水工作，降低田间湿度；增施草木灰等钾肥，使蚕豆生长健壮，提高抗病能力。

（3）药剂防治。发病前或发病初期喷30%固体石硫合剂、15%三唑酮可湿性粉剂、50%萎锈灵乳油或50%硫黄悬浮剂，隔10d喷1次，连喷2～3次。

蚕豆锈病症状

第二节　蚕豆主要害虫

1. 豌豆根瘤象

豌豆根瘤象（*Sitona ovipennis* Hochhuth），属鞘翅目象甲科。

【形态特征】

成虫：体长 3 ～ 4.5mm，是一种灰色或褐色象甲。头管粗短，延伸向前方。触角膝状，着生于头管前半部。全体密布灰色鳞片，两鞘翅上有由鳞片构成的纵行条纹。

卵：长椭圆形，长 2 ～ 3mm，乳白色，有光泽。

幼虫：老熟后体长约 5mm。头浅褐色，身体白色，稍弯曲，具稀疏而相当长的黑色绒毛。无足。

蛹：裸蛹，长椭圆形，长约 3mm。

【为害特点】 豌豆根瘤象成虫为害蚕豆与豌豆的叶片，幼虫取食根部，个别受害严重地块叶片被吃光，引起植株枯死。

豌豆根瘤象成虫及为害状

【发生规律】 1 年发生 1 代，以成虫在土内越冬。翌年 4 月中旬豆类幼苗出土后开始活动取食，5 月上中旬为为害盛期。4—7 月，成虫在植株叶片上或土缝内交尾。卵产于根际土内。7 月上旬起，陆续发现幼虫为害根瘤，老熟后在土内 5cm 深处作土室化蛹。8 月下旬起，可见当年成虫，至 9 月底开始越冬。成虫有假死性，受惊后迅速落入地面或心叶内躲藏。成虫以上午 12 时以前和下午 5 时左右活动最盛。

【防控措施】

（1）农业防治。选用侧枝多、生长势强的品种，并适当早播，可减轻受害程度。

（2）药剂防治。成虫期选用氯氰菊酯、毒死蜱喷雾。在成虫发生量大的地段四周，喷布 1m 宽的药带。

2. 蚕豆蚜虫

为害蚕豆的蚜虫主要是苜蓿蚜（*Aphis medicaginis* Koch）和桃蚜（*Myzus persicae* Sulzer），均属半翅目蚜科，青海省以苜蓿蚜为最多，开花以后为害较重。

【形态特征】 苜蓿蚜成虫体长 1.5mm 左右，有翅胎生雌蚜较无翅胎生雌蚜稍小，体黑色；无翅蚜浓紫黑色。桃蚜体长 2mm，有翅型头部黑色，腹部淡暗绿色；无翅型全身绿色、橘黄色或赤褐色，并带有光泽。

【为害特点】苜蓿蚜群集于蚕豆嫩茎、嫩梢、花序等处，刺吸汁液，造成嫩梢萎缩，生长矮化。开花期间为害较重，严重时整株枯死。桃蚜主要为害叶片，引起叶片卷缩。蚜虫除吸食汁液外，还能传播病毒病。

蚕豆蚜虫及为害状

【发生规律】苜蓿蚜以卵在苜蓿、车前草等杂草根茎处越冬，来年孵化为干母，先在杂草上为害，后产生有翅蚜转移到蚕豆上为害，通过孤雌生殖大量繁殖为害。蚕豆成熟前到越冬寄主上生活，深秋产生两性有翅蚜经交配产卵越冬。桃蚜以卵在桃、杏等果树上越冬。

【防控措施】

（1）农业防治。早春和深秋铲除田埂和农田杂草，可消灭越冬虫卵；蚕豆蚜发生初期，把个别受害嫩梢摘除深埋，以防扩散。

（2）药剂防治。蚕豆初花期开始有虫株率不超过1%时可点片喷药，有虫株率超过1%，进行全田普治。可选用吡虫啉或抗蚜威喷雾防治。

3. 蚕豆象

蚕豆象（*Bruchus rufimanus* Boheman），属鞘翅目豆象科。对青海省蚕豆生产威胁较大，列为青海省省内农业植物检疫对象。

【形态特征】

成虫：体长4～5mm，近椭圆形，黑色，被褐色和白色毛。触角的基部4节，上唇、前足浅褐色。头密布小点刻。触角锯齿状，11节。前胸背板宽大于长，布有小点刻及黄褐色毛，后缘中间有三角形白色毛斑，前缘近中部、中央两侧各有白色毛斑1个，两侧缘中间有向外的钝齿1个。小盾片近方形，后缘中间凹陷，上生白色毛。鞘翅布有小点刻，具褐色与白色毛，有10条纵纹，近鞘翅缝向外缘有白色毛斑形成的横带，似M形。后腿节内侧端部有1个短而钝的齿，肩板密生灰白色细毛。

卵：椭圆形，长约0.6mm，乳白色至淡黄色。

幼虫：体长约6mm，乳白色，肥胖，稍弯曲。

蛹：体长约5mm，椭圆形，淡黄色。头部向下弯曲。前胸三角形，中央后方突起。

【为害特点】蚕豆象幼虫孵化后立即钻入豆荚内蛀食，在豆荚和豆粒上留有钻蛀进去的小黑点。每一豆粒可以钻进几头幼虫，随着蚕豆的生长，幼虫在豆粒内发育，一般要70d或更长的时间。在豆粒内发育的幼虫，随收获的蚕豆而带入仓库，继续为害。老熟幼虫在豆粒内化蛹。被害蚕豆的内部被

蚕豆象成虫

蚕豆象为害状

蚕豆象幼虫蛀成孔洞，表皮变为黑褐色，食用时有苦味，使蚕豆的重量减少很多，还影响发芽率。

【发生规律】蚕豆象每年发生1代，以成虫在豆粒内、仓库角落、缝隙、包装物以及在田间、晒场的作物遗株、杂草或砖石下越冬。蚕豆开花时，成虫飞往田间活动，取食蚕豆花瓣和花粉等作为补充营养，产卵于豆荚上。孵化的幼虫穿破豆荚角皮，蛀入豆粒取食，一般每粒有虫1～2个。雌虫一生产卵35～40粒。卵期7～12d。幼虫期70～100d。蛹期6～20d。成虫寿命6～9个月。成虫的飞翔力、耐饥力、耐侵力及抗寒力都较强，具假死性。

【防控措施】

（1）加强植物检疫，严防蚕豆象传播蔓延。

（2）日光暴晒。选择晴天摊晒粮食，一般厚3～5cm，每隔半小时翻动一次，粮温升到50℃左右，保持4～6h。晒粮时需在场地四周距离粮食2m处喷洒敌敌畏等农药，防止害虫逃逸。

（3）低温除虫。多数储粮害虫在0℃以下保持一定时间可被冻死。气温达-10℃以下时，将储粮摊开，一般厚7～10cm，经12h冷冻后，即可杀死储粮内的害虫。达不到-10℃，冷冻的时间需延长。冷冻后的粮食需趁冷密闭储存。

（4）花期药剂防治。蚕豆花期或结荚初期，用4.5%高效氯氰菊酯乳油或48%毒死蜱乳油进行喷雾防治。

第六章　玉米主要病虫害

　　青海省玉米分为三个生态区，即海拔2 300m以下的玉米种植生态适宜区（主要包括东部农业区温暖灌区的循化、民和、尖扎、贵德、乐都和化隆等河湟谷地）、海拔2 300～2 700m的次生态适宜区（主要包括东部农业区湟水谷地的平安、西宁、湟中、互助、湟源等地区）以及海拔2 700m以上的饲用玉米生态区。根据青海省统计年鉴记载，青海省常年粮用玉米种植面积为32万亩左右。由于全球气候变暖、新品种的引进、种植结构与栽培制度的调整，致使玉米田间病虫害种类逐年增加，造成极大的产量损失。调查发现，青海省常见玉米病虫害有玉米大斑病、小斑病、锈病、纹枯病、黑粉病、褐斑病、青枯病、穗腐病、鞘腐病、棉铃虫、玉米螟等。

第一节　玉米主要病害

1. 玉米大斑病

　　【病原】大斑凸脐蠕孢（*Exserohilum turcicum*），属子囊菌亚门真菌。

　　【症状】玉米大斑病主要为害玉米叶片，当病情严重时，病斑增多，向叶鞘和苞叶发展，侵害叶鞘和苞叶。植株发病不是全株叶片同时发病，而是植株下部叶片最先发病，逐渐向上扩展。病斑长梭形，灰褐色或黄褐色，长5～10cm，宽1cm左右，当病情严重时遭受病菌侵害的植株叶片会出现焦枯的现象。天气潮湿时，病斑上可密生灰黑色霉层。此外，有一种发生在抗病品种上的病斑，沿叶脉扩展为褐色坏死条纹，一般扩展缓慢。

　　【发生规律】玉米大斑病的病原菌在田间残留病株上越冬，能以菌丝体越冬，也能以分生孢子越冬，这些在田间残留病株上成功越冬的菌丝体或分生孢子成为第2年发病的初侵染源。20～28℃最利于玉米大斑病发生，超过28℃对病害有抑制作用；相对湿度90%以上利于发病；温度偏低、多雨高湿、光照不足利于病害发生和流行；连作病重，单作病重，密植病重，晚播病重，低洼地块病重；田间病斑出现较早年份一般病重。

玉米大斑病症状

　　【防控措施】
　　（1）农业防治。选用抗病良种，合理密植，增施有机肥和磷、钾肥，提高植株抗病力。
　　（2）药剂防治。发病初期可喷施丙环·嘧菌酯、丁香·戊唑醇、吡唑醚菌酯、苯醚甲环唑。

2. 玉米小斑病

玉米小斑病是世界性的玉米主要病害之一，往往导致玉米生长不良，影响产量。尤其发病严重的年份，玉米大面积染病，植株生长受到影响，产量降低，影响玉米高产、稳产，造成严重的经济损失。

【病原】玉蜀黍平脐蠕孢（*Bipolaris maydis*），属子囊菌亚门真菌。

【症状】玉米小斑病自苗期到生长后期都可发生，但以抽雄、灌浆期发病严重。主要为害叶片，当病情发展到一定程度，叶鞘、苞叶和果穗也能受害。症状自下部叶片开始，先出现褐色半透明水渍状小斑，随着植株生长及病情发展，病斑逐渐向上蔓延，如果病情得不到控制，当玉米抽穗时病斑最

玉米小斑病症状

多。在病斑逐渐扩大和增多的情况下，病斑发展成黄褐色纺锤形或椭圆形，边缘常有赤褐色晕纹，后期多个病斑联合在一起，部分受害严重的植株叶片出现枯萎现象。在潮湿时病斑上产生黑色绒毛状物。

【发生规律】玉米小斑病的病原菌主要以菌丝体在病株残体上越冬，分生孢子也可越冬，但成活率低。菌丝发育适温为28～30℃，孢子萌发适温为26～32℃。玉米连茬种植、土壤肥力差、播种过迟等易发病。玉米抽雄后，若是遭遇连阴雨天气，玉米田间湿度大，通风透光差，病害亦发生严重。

【防控措施】

（1）农业防治。选用抗病品种，实行轮作倒茬，增施有机肥，穗期追施氮肥，加强中耕、排水等田间管理。

（2）药剂防治。可采用多菌灵、甲基硫菌灵、代森锰锌或嘧菌·戊唑醇、丙环·嘧菌酯、嘧啶核苷类抗菌素、噻菌灵喷雾防治，隔7～10d喷1次，共喷2～3次。

3. 玉米锈病

玉米锈病主要发生在玉米叶片上，也能侵染叶鞘、茎秆和苞叶，叶片被橘黄色的夏孢子堆和夏孢子所覆盖，导致叶片干枯死亡。

【病原】玉米柄锈菌（*Puccinia sorghi*），属担子菌亚门真菌。

【症状】玉米锈病主要发生在玉米叶片上，也能侵染叶鞘、茎秆和苞叶。侵染初期，叶片两面初生淡黄白色小斑，四周有黄色晕圈，后突起形成黄褐色乃至红褐色疱斑，散生或聚生，圆形或长圆形，即病菌的夏孢子堆。孢子堆表皮破裂后，散出铁锈状夏孢子。后期病斑或其附近又出现黑色疱斑，即病菌的冬孢子堆，长椭圆形，疱斑破裂散出黑褐色粉状物。发病严重时，整片叶可布满锈褐色病斑，引起叶片枯黄，同时可为害苞

玉米锈病症状

叶、果穗和雄花。

【发生规律】玉米柄锈菌以冬孢子随病株残余组织遗留在田间越冬。入春后当环境条件适宜时冬孢子即可萌发并产生担孢子，借气流传播到寄主作物上，由叶面气孔直接侵入，引起初次侵染。田间少量植株发病后，在病部产生锈孢子，形成夏孢子堆并散发出夏孢子，夏孢子借气流传播进行再侵染，在植株间扩散蔓延，加重为害；直到秋季，产生冬孢子堆和冬孢子。

玉米柄锈菌喜温暖潮湿的环境，发病温度范围15～35℃；最适发病环境温度为20～30℃，相对湿度95%以上；最适感病生育期为开花结穗到采收中后期。夏孢子在侵入时需高湿，叶面结露，适宜于夏孢子形成和侵入。田块间连作地排水不良的田块发病较重。栽培上种植早熟品种、密度过高、通风透光差、偏施氮肥的田块发病重。

【防控措施】

（1）农业防治。种植抗病良种。与非禾本科作物轮作减少病原菌的积累。玉米种植前及早清除田间病株残体、杂草等；带出地外集中销毁或深埋，深翻土壤，减少田间病原菌数量。增施有机肥和磷、钾肥，避免氮肥过量。在玉米6～8叶期科学控旺，避免枝叶过旺，影响通风透光性。

（2）药剂防治。玉米大喇叭口期至吐丝期提前喷施苯醚甲环唑、氟环唑、春雷·戊唑醇、三唑酮、丙环唑、嘧菌酯等药剂，注意交替和复配用药。

4. 玉米纹枯病

【病原】立枯丝核菌（*Rhizoctonia solani*），属子囊菌亚门真菌。

【症状】玉米纹枯病主要侵害玉米的叶鞘，其次是叶片、果穗及苞叶。发病严重时，能侵入坚实的茎秆，但一般不引起倒伏。最初从茎基部叶鞘发病，后侵染叶片及向上蔓延。发病初期，先出现水渍状灰绿色的圆形或椭圆形病斑，由灰绿色逐渐变成白色至淡黄色，后期变为红褐色云纹斑块。叶鞘受害后，病菌常透过叶鞘为害茎秆，形成下陷的黑褐色斑块。湿度大时，病斑上常出现很多白霉，即菌丝和担孢子。温度较高或植株生长后期，不适合病菌扩大为害时，即产生菌核。菌核初为白色，老熟后呈褐色。当环境条件适宜时，病斑迅速扩大，叶片萎蔫，植株似水烫过一样呈暗绿色腐烂而枯死。

【发生规律】玉米纹枯病属于土传病害，以菌核遗留在土壤中，以菌丝、菌核在病残体上越冬。菌核萌发产生菌丝或以病株上存活的菌丝接触寄主茎基部而侵染，表面形成病斑后，病菌气生菌丝伸长，向上部叶鞘发展，病菌常透过叶鞘为害茎秆，形成下陷的黑色斑块。湿度大时，病斑长出许多白霉状菌丝和担孢子。担孢子借风力传播造成再次侵染。病菌可通过表皮、气孔和自然孔口三种途径侵入寄主，其中以表皮直接侵入为主。适宜的温湿度、土壤肥沃、偏施氮肥、植株生长过茂、地势低洼、排水不良、田间封闭都是引发玉米纹枯病的重要危险因素。玉米纹枯病是一种高温高湿玉米病害，温度

玉米纹枯病叶鞘症状

玉米纹枯病苞叶症状

立枯丝核菌菌核

超过24℃，田间湿度较高，玉米纹枯病开始发生，随着温度和湿度的升高发病率也逐渐升高。

【防控措施】

（1）农业防治。选用抗病、耐病或避病品种。重病地块内的病株，玉米收获后及时清除田间杂草和秸秆，集中销毁。加强田间管理，开沟排水，降低田间湿度，创造有利于玉米生长，不利于病菌滋生繁殖的环境条件。在低洼地块实行玉米与马铃薯等作物间作，增加田间通风透光及土壤蒸发量，降低植株下部湿度，以减轻纹枯病为害。合理轮作换茬，减少菌源基数。适当调整种植密度，在不影响产量的情况下合理密植。氮肥施用不过量过迟，增施钾肥，增施腐熟的有机肥，增强植株的抗病力。

（2）药剂防治。发病初期，即玉米拔节时，用井冈霉素、菌核净喷雾2 ～ 3次，间隔7 ～ 10d。

5. 玉米黑粉病

玉米黑粉病又称瘤黑粉病、黑穗病，主要为害植株地上幼嫩组织和器官，如茎、叶、花、雄穗、果穗和气生根等。

【病原】玉米黑粉菌 [*Ustilago maydis* (DC.) Corda]，属担子菌亚门真菌。

【症状】瘤黑粉病的主要诊断特征是在病株上形成膨大的肿瘤。玉米的雄穗、果穗、气生根、茎、叶、叶鞘、腋芽等部位均可生出肿瘤，但形状和大小变化很大。肿瘤近球形、椭球形、角形、棒形或不规则形，有的单生，有的串生或叠生，小的直径不足1cm，大的长达20cm以上。肿瘤外表有白色、灰白色薄膜，内部幼嫩时肉质，白色，柔软有汁，成熟后变灰黑色，坚硬。玉米瘤黑粉病的肿瘤是病原菌的冬孢子堆，内含大量黑色粉末状的冬孢子，肿瘤外表的薄膜破裂后，冬孢子分散传播。

玉米黑粉病症状

玉米病苗茎、叶扭曲，矮缩不长，茎上可生出肿瘤。叶片上肿瘤多分布在叶片基部的中脉两侧，以及相连的叶鞘上，病瘤小而多，常串生，病部肿厚突起，成泡状，其反面略有凹入。茎秆上的肿瘤常由各节的基部生出，多数是腋芽被侵染后，组织增生，形成肿瘤而突出叶鞘。雄穗上部分小花长出小型肿瘤，几个至十几个，常聚集成堆。在雄穗轴上，肿瘤常生于一侧，长蛇状。果穗上籽粒形成肿瘤，也可在穗顶形成肿瘤，形体较大，突破苞叶而外露，此时仍能结出部分籽粒，但也有的全穗受害，变成一个大肿瘤。

【发生规律】黑粉病菌以厚垣孢子在土壤中及病株残体上越冬，成为第二年的初侵染源。在自然条件下，集结成块的厚垣孢子较分散的孢子寿命长。厚垣孢子混入厩肥中仍有萌发能力，因此混有病残组织的堆肥也是初侵染源之一。春季气温上升以后，一旦湿度合适，在土表、浅土层、秸秆上或堆肥中越冬的病原菌厚垣孢子便萌发产生担孢子，随气流传播，陆续引起苗期和成株期发病。早期病瘤上的厚垣孢子通过气流或其他媒介，还可进行多次重复侵染，蔓延发病。高温多湿有利于厚垣孢子萌发，有利于病原菌侵染为害。

【防控措施】

（1）农业防治。选用抗（耐）病品种。早熟品种较晚熟品种发病率低，耐旱品种抗病力强。苗期发现病株要结合田间管理及时拔除；拔节期以后，发现菌瘿要尽量在菌瘿未成熟释放冬孢子前及时摘除，带出田外并彻底销毁；玉米收获后，要及时清理田间病残体，进行秋季深翻处理，将土壤表层的病菌深埋于地下；玉蜀黍黑粉菌混入厩肥，在一般堆肥处理后仍能萌发繁殖，所以应避免使用未腐熟的粪肥。合理密植，增大植株间的通风透光性。加强水肥管理，平衡施肥，避免偏施过施氮肥，及时使用磷、钾肥，合理增施锌、硼微肥，防止玉米贪青徒长；及时灌溉，尤其是抽穗期前后要保证水分供应充足，防止因受旱降低植株的抗病力。防治蚜虫、蓟马、叶螨、玉米螟、棉铃虫等害虫，切断昆虫传病途径，减少虫伤，减轻病害发生。尽量减少农事活动所造成的机械伤口，降低侵染率。发病严重的地块可采取轮作倒茬措施与非寄主作物如蚕豆、马铃薯等实行2年以上的轮作种植，避免多年连作感病品种。

（2）种子处理。选用含有烯唑醇、戊唑醇、苯醚甲环唑等有效成分的种衣剂进行种子包衣，减轻病害的发生，同时促壮苗，提高幼苗的抗病能力。

（3）药剂防治。在侵染的关键时期玉米6～8叶期、散粉期或制种田抽雄期，用含苯醚甲环唑、丙环唑、戊唑醇、烯唑醇成分的杀菌剂喷雾防治。

6. 玉米褐斑病

【病原】玉蜀黍节壶菌（*Physoderma maydis*），属壶菌门真菌。

【症状】玉米褐斑病发生在玉米叶片、叶鞘、茎秆和苞叶上。叶片上病斑圆形、近圆形或椭圆形，小而隆起，直径仅1mm左右（发生在中脉上的，直径可达3～5mm），常密集成行，成片分布。病斑初为黄色，水渍状，后变黄褐色、红褐色至紫褐色。后期病斑破裂，散出黄色粉状物（病原菌的休眠孢子囊）。病叶可能干枯或纵裂成丝状。茎秆多在节间发病，叶鞘上出现较大的紫褐色病斑，边缘较模糊，多个病斑可汇合形成不规则形斑块，严重时，整个叶鞘变紫褐色腐烂。果穗苞叶发病后，症状与叶鞘相似。

玉米褐斑病症状

【发生规律】病菌以休眠孢子囊在土壤或病残体中越冬，第二年借风雨传播到玉米植株上，遇到合适条件萌发产生大量游动孢子，游动孢子在叶片表面上水滴中游动，并形成侵染丝，侵害玉米的幼嫩组织。玉米生长中后期阴雨天气多，特别是高湿高温条件有利于病害发生；低洼地、连作地发病重。

【防控措施】

（1）农业防治。选用抗病品种，重病地实行3年以上轮作；玉米生长期合理施肥、浇水，促进植株健壮生长，增强抗病性；玉米收获后彻底清除病残体，并及时深翻，减少越冬菌源。

（2）药剂防治。在发病前或发病初期，用三唑酮、多菌灵、甲基硫菌灵、烯唑醇或丙环唑喷洒，每隔7～10d喷1次，喷2～3次；在药液中加入适量磷酸二氢钾、尿素等叶面肥，效果更好。喷药时，重点喷洒中下部叶片和叶鞘。

7. 玉米青枯病

玉米青枯病又称玉米茎腐病、玉米茎基腐病，由几种镰刀菌或腐霉菌单独或复合侵染引起。在玉米灌浆期开始显症，乳熟后期至蜡熟期为显症高峰。

【病原】主要为镰刀菌和腐霉菌。包括瓜果腐霉（*Pythium aphanidermatum*）、肿囊腐霉（*Pythium inflatum*）及禾生腐霉（*Pythium graminicola*），属卵菌。禾谷镰孢菌（*Fusarium graminearum*）、串珠镰孢菌（*Fusarium moniliforme*），属子囊菌亚门真菌。

【症状】

根茎症状：玉米青枯病发病后根和茎基部逐渐变褐色，中间维管束变色，须根和根毛减少，茎基部中空并软化。剖开茎部可看到组织腐烂，维管束呈丝状游离，还有白色或粉红色菌丝，而且茎很容易倒折。

叶片症状：主要以青枯和黄枯两种为主。青枯型也称急性型，发病后叶片自下而上迅速枯死，呈灰绿色，水烫状或霜打状。黄枯型也称慢性型，发病后叶片自下而上逐渐黄枯。

果穗症状：玉米青枯病发生后期，果穗苞叶青干，穗柄柔韧，果穗下垂，不易掰离，籽粒干瘪，千粒重下降，脱粒困难。

玉米青枯病症状

【发生规律】镰刀菌以分生孢子或菌丝体，腐霉菌以卵孢子在病残体内外及土壤内存活越冬，带病种子是翌年的主要侵染源。病菌借风雨、灌溉、机械、昆虫携带传播，通过根部或根茎部的伤口侵入或直接侵入玉米根系或植株近地表组织并进入茎节。天气炎热、阴雨连绵、雨后暴晴时最易发生玉米青枯病。

【防控措施】

（1）农业防治。实行与其他非寄主作物轮作换茬，防止土壤中病原菌逐年积累。玉米收获后及时彻底清理田间病株残体，减少翌年初侵染菌源。增施农家肥和钾肥，在玉米拔节期增施氮、磷、钾复合肥，可以增强植株抗病性，减轻或推迟发病。

（2）药剂防治。用甲霜灵或甲霜·锰锌于玉米喇叭口期喷雾预防。发现零星病株可用甲霜灵或多菌灵灌根。

8. 玉米穗腐病

玉米穗腐病又称赤霉病、果穗干腐病，是一种由多种病原菌引起的病害，主要为害玉米的果穗和籽粒。在多雨潮湿的年份发生严重。玉米穗腐病不仅影响玉米产量，还可能导致籽粒品质下降，严重时甚至会引起绝收。

【病原】病原菌较多，包括禾谷镰孢菌（*Fusarium graminearum*）、拟轮枝镰孢菌（*Fusarium verticillioides*）、草酸青霉菌（*Penicillium oxalicum*）、黄曲霉菌（*Aspergillus flavus*）、青霉菌（*Penicillium* spp.）、枝孢菌（*Cladosporium* spp.）、单端孢菌（*Trichothecium* spp.）等近20种。

【症状】玉米果穗及籽粒均可受玉米穗腐病为害，被害果穗顶部或中部变色，并出现粉红色、蓝绿色、黑灰色、暗褐色或黄褐色霉层，即病原菌的菌丝体、分生孢子梗和分生孢子，扩展到雌穗的 1/3 ～ 1/2 处，多雨或湿度大时可扩展到整个雌穗。病粒无光泽，不饱满，质脆，内部空虚，常被交织的菌丝所充塞，果穗病部苞叶常被密集的菌丝贯穿，黏结在一起并贴于果穗上不易剥离。仓储玉米受害后，粮堆内外长出疏密不等、各种颜色的菌丝和分生孢子，并散发霉味。

玉米穗腐病症状

【发生规律】玉米穗腐病病菌在种子、病残体或土壤中越冬，成为第二年的侵染源。病菌主要从伤口侵入，分生孢子借风雨传播。温度在 15 ～ 28℃，相对湿度在 75% 以上，有利于病菌的侵染和流行；玉米灌浆成熟阶段遇到连续阴雨天气，发生严重；高温多雨以及玉米虫害发生偏重的年份，玉米穗腐病发生较重。玉米粒没有晒干，入库时含水量偏高，以及储藏期仓库密封不严，库内温度高，也利于各种霉菌腐生蔓延，引起玉米穗腐病或发霉。

【防控措施】

（1）农业防治。选用抗病、抗虫、适应性强的品种。播种前精选种子，剔除秕小病粒。

（2）药剂防治。每 10kg 种子用 2.5% 咯菌腈悬浮种衣剂 20mL ＋ 3% 苯醚甲环唑悬浮种衣剂 40mL 进行包衣或拌种；在玉米收获前 15d 左右用 50% 多菌灵可湿性粉剂或 50% 甲基硫菌灵可湿性粉剂 1 000 倍液在雌穗花丝上喷雾防治。同时及时进行药剂防虫，生长期及时喷药防治玉米螟、棉铃虫和其他虫害，减少病菌从伤口侵染的机会。

9. 玉米鞘腐病

玉米鞘腐病是近年来我国玉米上新发生的一种病害，在玉米生育中后期发生，主要侵害叶鞘，形成不规则形病斑，高温多雨年份发病严重。

【病原】层出镰孢菌（*Fusarium proliferatum*）、拟轮枝镰孢菌（*Fusarium verticillioides*）、禾谷镰孢菌（*Fusarium graminearum*），均属子囊菌亚门真菌。

【症状】主要发生在玉米生长后期的籽粒形成至灌浆充实期，病害主要发生于叶鞘部位，而不侵染叶片和茎秆，发病初期形成水渍状不规则黑褐色小点，后逐渐扩展，直径可达 5cm 以上，多个病斑汇合形成黑褐色不规则形斑块，蔓延至整个叶鞘，导致叶鞘干腐。田间偶尔可见病斑中心部位产生粉白色霉层。病斑常见部位为叶鞘下部，逐渐向中上部叶鞘蔓延乃至棒三叶部位，造成叶片发黄，干枯，影响玉米灌浆，一旦蔓延至苞叶部位，有可能引起穗腐，造成很大的产量损失。

玉米鞘腐病发病初期症状

玉米鞘腐病发病后期症状

【发生规律】病原菌在病残体、

土壤或种子中越冬，来年随风雨、农具、种子、人畜等传播。高温高湿有利于该病的流行。病菌在5 ～ 35℃温度范围内均能生长，适宜温度25 ～ 30℃，最适温度28℃时菌丝茂盛密集。

【防控措施】

（1）轮作倒茬，清除田间病残株并销毁，深翻灭茬，减少菌源。

（2）选种抗病品种，用种衣剂拌种。用50%多菌灵可湿性粉剂500倍液拌种，堆闷4 ～ 8h后直接播种。

（3）化学防治。发病初期在茎秆喷施咯菌腈、噻菌灵、甲基硫菌灵、百菌清、多菌灵、苯醚甲环唑、吡唑醚菌酯等，7 ～ 10d 1次。

第二节　玉米主要害虫

1. 玉米螟

玉米螟（*Qstrinia furnacalis*）又称箭秆虫、玉米钻心虫。属鳞翅目螟蛾科。

【形态特征】

成虫：雄蛾体长13 ～ 14mm，翅展22 ～ 28mm，体背黄褐色，前翅内横线为黄褐色波状纹，外横线暗褐色，呈锯齿状纹。雌蛾体长14 ～ 15mm，翅展28 ～ 34mm，体鲜黄色，各条线纹红褐色。

卵：扁平椭圆形，长约1mm，宽0.8mm。数粒至数十粒组成卵块，呈鱼鳞状排列，初为乳白色，渐变为黄白色，孵化前卵的一部分为黑褐色（为幼虫头部，称黑头期）。

幼虫：老熟幼虫体长20 ～ 30mm，圆筒形，头黑褐色，幼虫只有1种体色，背部淡灰色或略带淡红褐色，幼虫中、后胸背面各有1排4个圆形毛片，三条背线（背中线和两条亚背线）。

蛹：体长15 ～ 18mm，红褐色或黄褐色，纺锤形。腹部背面一至七节有横皱纹，三至七节有褐色小齿，横列，五至六节腹面各有腹足遗迹1对。尾端臀棘黑褐色，尖端有5 ～ 8根钩刺，缠连于丝上，黏附于虫道蛹室内壁。

玉米螟幼虫

【为害特点】玉米螟以幼虫蛀食叶片，造成枯心苗和缺苗断垄，影响植株的正常生长发育；玉米螟还可钻蛀茎秆，影响植株的正常生长发育；在田间玉米螟为害严重时，可使整株枯死；玉米螟还可传播多种植物病害。

【发生规律】成虫昼伏夜出，有趋光性，飞翔和扩散能力强。成虫多在夜间羽化，羽化后不需要补充营养，羽化后当天即可交配。雄蛾有多次交配的习性，雌蛾多数一生只交配一次。雌蛾交配1 ～ 2d后开始产卵。每个雌蛾产卵10 ～ 20块，300 ～ 600粒。幼虫孵化后先集群在卵壳附近，约1h后开始分散。幼虫共5龄，有趋糖、趋触、趋湿和负趋光性，喜欢潜藏为害。幼虫老熟后多在其为害处化蛹，少数幼虫爬出茎秆化蛹。

【防控措施】

（1）赤眼蜂灭卵。在玉米螟产卵始期、初盛期和盛期放玉米螟赤眼蜂或松毛虫赤眼蜂3次，每次放蜂15万 ～ 30万头/hm²，设放蜂点75 ～ 150个/hm²。放蜂时蜂卡经变温锻炼后，夹在玉米植株下部第五或第六叶的叶腋处。

（2）药剂防治。心叶末期即玉米大喇叭口期是防治玉米螟的关键时期，每亩可喷洒20%辛硫磷乳油60 ～ 80mL或30%乙酰甲胺磷乳油60 ～ 70/mL或5%甲维盐20g + 5%氯虫苯甲酰胺悬浮剂20mL、12%虫螨腈·甲维盐悬浮剂40mL + 5%虱螨脲微乳剂20mL等，均匀喷雾。

2. 棉铃虫

棉铃虫（*Helicoverpa armigera*），别名玉米穗虫、钻心虫、青虫、棉铃实夜蛾等，属鳞翅目夜蛾科。寄主作物有玉米、棉花、大豆、蔬菜等。

【形态特征】

成虫：体长14～18mm，翅展30～38mm，灰褐色。前翅有褐色肾形纹及环状纹，肾形纹前方前缘脉上具褐纹2条，肾纹外侧具褐色宽横带，端区各脉间生有黑点。后翅淡褐至黄白色，端区黑色或深褐色。

卵：半球形，0.44～0.48mm，初乳白后黄白色，孵化前深紫色。

幼虫：体长30～42mm，体色因食物或环境不同变化很大，由淡绿、淡红至红褐或黑紫色。绿色型和红褐色型常见。绿色型体绿色，背线和亚背线深绿色，气门线浅黄色，体表面布满褐色或灰色小刺。红褐色型体红褐或淡红色，背线和亚背线淡褐色，气门线白色，毛瘤黑色、突出，刚毛明显。腹足趾钩为双序中带，两根前胸侧毛连线与前胸气门下端相切或相交。

蛹：体长17～21mm，黄褐色，腹部第五至七节背面和腹面具7～8排半圆形刻点，臀棘钩刺2根，尖端微弯。

【为害特点】1996年8月青海省首次发现该虫为害玉米，其发生面积之大，虫量之多，损失之重，实为罕见，造成受害果穗不结实，减产严重。棉铃虫主要以幼虫蛀食为害。一代幼虫主要为害玉米心叶，排出大量颗粒状虫粪，造成排行穿孔。二代幼虫主要为害刚吐丝的玉米雌穗花丝、雄穗和心叶，蛀食花丝，影响授粉，形成"戴帽"；蛀食心叶与一代幼虫为害状相似，排出大量颗粒状虫粪，造成排行穿孔；为害雄穗，导致不能抽雄，影响授粉。三代幼虫主要蛀食玉米雌穗籽粒，排出大量虫粪，且被害部位易被虫粪污染，产生霉变，严重影响玉米的产量和品质。

棉铃虫幼虫及为害状

【发生规律】棉铃虫喜中温高湿，各虫态发育最适温度为25～28℃，干旱少雨天气有利于棉铃虫的发生，尤其是6—8月气温高，特别利于棉铃虫的孵化与发育，促使棉铃虫的繁殖力和生存力都提高，棉铃虫严重发生。冬季气候变暖，利于棉铃虫的越冬，增大来年为害基数。棉铃虫食性杂，较难防治，寄主植物有20多科200余种，大多数为绿色植物，为棉铃虫提供了丰富的食源。棉铃虫幼虫10月在玉米秸秆附近或杂草下5～10cm深的土中化蛹越冬，9—10月温度偏高的情况下，棉铃虫的越冬基数大、成活率高，立春气温回升至15℃以上时开始羽化。

【防控措施】

（1）农业防治。①秋耕冬灌，中耕灭蛹：玉米田收获后及时移除秸秆，及时进行深翻耙地，实行秋后冬灌，减少越冬基数。②合理布局：在玉米地边种植诱集作物胡萝卜等，于盛花期诱集棉铃虫成虫，及时喷药。③杨树枝把诱虫：利用棉铃虫成虫对杨树枝叶的趋性，在玉米田附近用杨树枝叶插把，引诱成蛾进行人工捕杀，可降低孵化率达20%左右。

（2）物理防治。利用棉铃虫的趋光性，在玉米地块安装杀虫灯，引诱成虫。

（3）生物防治。人工释放赤眼蜂、草蛉等天敌。将赤眼蜂蜂卡装入开口的纸袋内，挂在植株中下部，棉铃虫产卵盛期放蜂2次，每亩放蜂2万头。喷施生物药剂。棉铃虫卵孵盛期喷施棉铃虫核型多角体病毒（NPV）或苏芸金杆菌（Bt）乳剂。

（4）药剂防治。喷洒四氯虫酰胺、氯虫苯甲酰胺、甲氨基阿维菌素苯甲酸盐、乙基多杀菌素等药剂进行防治。

3. 黏虫

症状、为害特点、发生规律、防治措施见迁飞性害虫黏虫。

4. 蚜虫

症状、为害特点、发生规律、防治措施见小麦蚜虫。

蚜虫为害状

5. 双斑长跗萤叶甲

双斑长跗萤叶甲（*Monolepta hieroglyphica* Motschulsky），又称双斑萤叶甲、双圈萤叶甲，属鞘翅目叶甲科。可为害豆类、马铃薯、玉米、胡萝卜、苹果、杏树、向日葵、十字花科蔬菜、苜蓿等多种作物。

【形态特征】

成虫：体长3.6～4.8mm，宽2～2.5mm，长卵形，棕黄色具光泽；触角11节，丝状，端部色黑，长为体长的2/3；复眼大，卵圆形；前胸背板宽大于长，表面隆起，密布很多细小刻点；小盾片黑色，呈三角形；鞘翅布有线状细刻点，每个鞘翅基半部具一近圆形淡色斑，四周黑色，淡色斑后外侧多不完全封闭，其后面黑色带纹向后突伸成角状，有些个体黑带纹不清或消失；两翅后端合为圆形；后足胫节端部具一长刺；腹管外露。

卵：椭圆形，长0.6mm，初棕黄色，表面具网状纹。

幼虫：体长5～6mm，白色至黄白色，体表具瘤和刚毛，前胸背板颜色较深。

蛹：体长2.8～3.5mm，宽2mm，白色，表面具刚毛。

【为害特点】玉米双斑长跗萤叶甲主要在7—9月发生为害，有群聚性和趋嫩性，对光、温度的强弱较敏感，中午光线强、温度高时，该虫在农田活动旺盛，飞翔能力强，取食叶片量大，早晨至晚间光线弱、温度低时飞翔和活动能力差，常躲在叶片背面栖息。在玉米田主要以成虫为害叶片、花丝、嫩穗，常集中于一棵植株，自上而下取食，中下部叶片被害后，残留网状叶脉或表皮，远看呈小面积不规则白斑。玉米抽雄吐丝后，该虫喜取食花药、花丝，影响玉米正常扬花和受粉。也可取食灌浆期的籽粒，引起穗腐。

双斑长跗萤叶甲成虫

【发生规律】1年发生1代，以散产卵在表土下越冬，翌年5月上中旬孵化，幼虫一直生活在土中，食害禾本科作物或杂草的根；经过30～40d在土中化蛹，蛹期7～10d；初羽化的成虫在地边杂草上生活，然后迁入玉米田。7月上旬开始增多，7月中下旬进入成虫盛发期，此后一直持续为害到9月。成虫善飞跳，飞行距离3～5m甚至更远，喜在9—11时和16—19时飞翔取食，白天在玉米叶片和穗部活动，早晚或中午藏在叶片背面或心叶及土缝中。

【防控措施】

（1）农业防治。清除田间地头、渠边杂草，破坏双斑长跗萤叶甲活动栖息场所，减轻为害；秋季深翻灭卵；合理施肥，提高植株的抗逆性。

（2）药剂防治。成虫盛发期用拟除虫菊酯类农药全面喷洒玉米植株和田边地头的杂草，每亩可喷洒22%噻虫·高氯氟悬浮剂30mL、4.9%高氯·甲维盐微乳剂40mL、10%顺式氯氰菊酯悬浮剂40mL，兑水30kg均匀喷雾。每隔7～10d喷施一次，连用2～3次。

第七章 藜麦主要病虫害

藜麦（*Chenopodium quinoa* Willd.）原产于南美洲安第斯山脉的哥伦比亚、厄瓜多尔、秘鲁等中高海拔山区，早在 5 000 年前就是这些地区的重要粮食作物。在 20 世纪后半叶，藜麦因其蛋白质含量较高，且富含多种氨基酸，引起了全世界的广泛关注。联合国粮食及农业组织（FAO）推荐藜麦为适宜人类的全营养食品，在全球范围内推广。青海省从 2011 年开始在海西蒙古族藏族自治州引种藜麦，在试种成功的基础上，全省藜麦种植面积从 2014 年开始的 2 250 亩快速上升到 2023 年的 3 万亩，排名全国第 3 位。主要在青海海西所辖乌兰、德令哈、格尔木、都兰等县（区）种植，生产的藜麦品质优良，籽粒大而饱满，光泽度佳，千粒重高。藜麦生产上常见的主要病虫害有藜麦霜霉病、病毒病、黄条跳甲、蚜虫、潜叶蝇、甜菜筒喙象、蓠蓄齿胫叶甲等。

第一节 藜麦主要病害

1. 藜麦霜霉病

藜麦霜霉病从苗期至成熟期均可发病，主要为害叶片，新老叶均可发病，造成叶片枯黄、脱落，影响光合作用，导致减产。

【病原】多变霜霉（*Peronospora variabilis* Gäum），属卵菌。

【症状】叶片染病多在成株期发生，发病初期，叶正面病斑形状不规则，淡黄色至淡粉色，病健交界清晰，直径 1.5 ~ 6mm，叶背面有稀疏淡灰色霉层；中期叶正面病斑呈粉色，直径 13 ~ 22mm；

藜麦霜霉病症状

后期病斑连片，叶片枯黄、脱落，背面有灰黑色霉层。霜霉病的病斑不受叶脉限制，有的从叶缘，也有的从叶片中央出现扩展斑。环境恶劣时，病斑组织坏死呈褐色，病斑连片，叶片凋萎脱落。通常植株近地面叶片先发病且发病较重。霜霉病在不同品种上的症状表现略有差异，在部分品种上仅表现为黄色病斑。

【发生规律】多雨多雾、空气潮湿、田间湿度高、种植过密或株行间通风透光差等均易诱发霜霉病。藜麦盛花期病害发生严重，为霜霉病盛发期。田间微环境，如种植密度过大，植株冠层相互重叠，造成微环境小气候湿度过大，会促进病害的发生。

【防控措施】

（1）农业防治。选用抗病品种，适当密植，及时排涝，保持田间通风透气。

（2）药剂防治。霜霉病发生初期，可选用精甲霜·锰锌、烯酰吗啉、烯酰·锰锌、噁霜·锰锌、氟菌·霜霉威、霜脲·锰锌、嘧菌酯等茎叶喷雾防治。

2. 藜麦病毒病

【病原】线粒体病毒（Chenopodium quinoa mitovirus）、*Picornaviridae*科的小核糖核酸病毒和*Endornaviridae*科的内生病毒。

【症状】藜麦病毒病发病症状主要表现为花叶、植株矮化、叶片皱缩，但叶片不会枯死，生长点不生长，直接影响花芽分化和花蕾形成。

病株　　　　　　　　　　　　健株

藜麦病毒病发病初期症状

病株　　　　　　　　　　　　健株

藜麦病毒病发病后期症状

【发生规律】藜麦病毒病一般在藜麦6叶期开始发病，该病害与田间环境及藜麦植株生长状况关系较大，干旱缺水，日温差大，植株生长不良，藜麦病毒病易发生，且为害重。一般从田间地头开始发病，逐步向中间蔓延传播，严重地块植株100%发病。

【防控措施】在藜麦苗期结合叶面肥，用阿维菌素、吡虫啉、啶虫脒等喷雾防治传毒昆虫蚜虫，喷施5%氨基寡糖素水剂、0.5%香菇多糖水剂、20%盐酸吗啉胍可湿性粉剂等，提高藜麦抗性。

第二节　藜麦主要害虫

1. 甜菜筒喙象

甜菜筒喙象（*Lixus subtilis* Boheman.），属鞘翅目象甲科。在苗期至开花期为害藜麦主茎或侧枝，成虫在幼嫩主茎或侧枝上钻穴产卵，幼虫孵化后蛀食为害，致使茎秆输导组织变褐、坏死、易折断。寄主有甜菜、藜麦和一些野生的藜科、蓼科和苋科杂草。

【形态特征】

成虫：初羽化为黄白色，后变为棕褐色或深褐色，身体细长，触角和跗节赤锈色，触角位于喙中部之前，喙略弯曲，眼卵圆形、扁，前胸圆锥形，鞘翅的肩不宽于前胸，肩略隆，体长9.0～12.0mm。

卵：两端略圆，具有光泽，初产为淡橘黄色，表面略带光泽，大小1.0mm×0.6mm。

幼虫：一至二龄幼虫呈半透明，体长1.8～3.1mm；三至四龄幼虫呈乳白色，头部为淡棕黄色，体长5.1～9.6mm；老熟幼虫呈乳白色，体长11.6mm，多皱纹，弯曲呈C形，头部棕黄色，上颚颜色略深，单眼1对。

蛹：为裸蛹，翅芽半透明，初期为乳白色，之后头部和腹部背面渐变为浅棕黄色，羽化前喙、口器变成棕红色，体长10.5mm、宽2.9mm。

【为害特点】在藜麦上的为害方式主要有两种，一是以成虫在主茎和分枝上钻穴产卵，形成椭圆形或菱形小型黑褐色斑纹，随组织增生膨大成结，结疤干枯沿边缘裂开，使病菌趁机而入，诱发病害，致使叶片凋萎、果穗腐烂夭折。二是以幼虫在主茎和分枝的内部输导组织中蛀食为害，造成隧道并导致输导组织变褐、坏死，不仅严重影响植株的营养输送，还常常造成主茎风折、侧枝折断、籽实不饱满或形成瘪粒，致使藜麦严重减产。

【发生规律】甜菜筒喙象为害隐蔽，难以发现。成虫将卵产在寄主组织中，若不注意，很难发现；一至四龄幼虫在茎秆中蛀食为害，早期或虫口密度较低时植物整体上看无受害迹象；幼虫老熟后在茎秆内化蛹，初羽化成虫亦会在茎秆中停息数小时，之后从羽化孔爬出；成虫取食叶片，畏惧强光，晴天中午前后多潜伏，通常只有当植株成片倒伏时，人们才注意到它的存在，此时防治为时过晚。甜菜筒喙象喜高温、干旱。在多雨的年份，甜菜植株强烈吸水，幼虫能被植株中过量的体液浸泡窒息而死，为害较轻，特别是幼龄虫对雨水更为敏感。同时雨水加速了一些死叶的腐烂，促使这些叶柄中的幼虫和蛹死亡。蛹和刚羽化的成虫也经受不起大雨的淋洗。

【防控措施】

（1）植物检疫。在藜科、苋科和蓼科植物包括藜麦以及食用型和观赏型甜菜、苋菜等种苗调运中进行检验检疫工作，严防甜菜筒喙象传入并进一步传播扩散。

（2）农业防治。秋季铲除并彻底销毁田边地头的苋科、藜科、蓼科等杂草，减少甜菜筒喙象的虫口数量；适时冬耕冬灌降低越冬成虫的虫口基数。

（3）药剂防治。防治适期越冬代成虫出土盛期和当年一代幼虫孵化盛期，且以防治成虫为主。用600g/L吡虫啉悬浮种衣剂2.4g/kg＋60g/L戊唑醇悬浮种衣剂0.5g/kg对藜麦种子进行包衣，针对成虫，可以采用触杀兼胃毒的高效低毒药剂进行喷杀，可选择药剂有氯虫苯甲酰胺和高效氯氰菊酯，注

甜菜筒喙象成虫（赵晓军提供）　　甜菜筒喙象卵（赵晓军提供）　　甜菜筒喙象幼虫（赵晓军提供）

甜菜筒喙象产卵孔（赵晓军提供）　　茎中的甜菜筒喙象（赵晓军提供）　　甜菜筒喙象羽化孔（赵晓军提供）

意轮换用药；亦可利用成虫的假死习性和畏惧强光的习性，于藜麦行间撒施毒土进行有效防治。针对钻蛀为害的各龄期幼虫，在当年一代幼虫孵化盛期喷施内吸性杀虫剂，或以1∶3的药油比例涂茎，以杀灭初孵幼虫。同时建议隐蔽施药，以保护自然天敌。

2. 黄条跳甲

　　青海省发生的黄条跳甲有黄曲条跳甲（*Phyllotreta striolata*）、黄直条跳甲（*P. rectilineata*）、黄宽条跳甲（*P.humilis*）和黄狭条跳甲（*P.vittula*）4种，以黄曲条跳甲最为常见，属鞘翅目叶甲科。可为害油菜、甘蓝、萝卜等十字花科作物和藜科作物甜菜和藜麦。下文以黄曲条跳甲为例进行介绍。

【形态特征】

　　成虫：体长1.8～2.4mm，黑色有光泽，触角11节。前胸背板及鞘翅上有许多点刻，排列成纵行。鞘翅中部有一黄条，其外侧中部凹曲很深，内侧中部直形，仅前后两端向内弯曲，鞘翅刻点排列成纵行。头和胸部密生刻点，后足股节膨大。

　　卵：椭圆形，长约0.3mm，淡黄色。

　　幼虫：老熟幼虫体长4mm，圆筒形、黄白色，头部及前胸背板淡褐色。胸、腹各节上有疣状突起，其上着生短毛。胸足3对，能在土中潜行，腹足退化。

黄曲条跳甲成虫及为害状（李秋荣提供）

【为害特点】黄曲条跳甲在藜麦苗期开始为害，各藜麦种植区均有分布。幼虫和成虫均可为害，幼虫为害藜麦根部，严重者咬断须根，阻断水分和养分的运输，造成植株地上部萎蔫枯死。黄曲条跳甲的成虫喜食幼嫩组织，造成叶片呈现小孔洞、缺刻。

【发生规律】以成虫在落叶、杂草及土缝中越冬，翌春气温高于10℃越冬成虫开始取食。柴达木盆地农业区，一般于5月上中旬初见，6月上旬藜麦植株高约5cm、4～6片真叶时为始盛期，6月中旬为高峰期，青海省东部农业区初见期要早1个月左右，即4月上中旬。成虫善跳跃，喜食幼苗，取食时一般将叶片咬成许多小孔洞，也有少数留一层表皮而不穿孔，有时叶片边缘也被咬成缺刻，严重时叶肉也被吃光，仅余叶脉，最终枯死；幼虫在土壤中活动，环剥根部表皮，形成环状弯曲虫道，严重者咬断须根，阻断水分和养分的运输，造成植株地上部萎蔫枯死。

【防控措施】

（1）农业防治。收获后及时清理地表，深翻土壤，消灭越冬蛹和成虫。与非十字花科作物进行轮作。

（2）物理防治。藜麦出苗至6叶期，按照每亩20～25张在田间安插黄板，藜麦顶部距离黄板10cm。

（3）药剂防治。在藜麦4～6叶期，用22.5%氯氟·啶虫脒可湿性粉剂1 500～2 000倍液、42%啶虫·哒螨灵可湿性粉剂800～1 200倍液、45%哒螨·噻虫胺水分散粒剂1 200～1 500倍液或5%啶虫脒乳油8 000倍液进行喷雾防治，兼治萹蓄齿胫叶甲，注意交替轮换用药。

3. 萹蓄齿胫叶甲

萹蓄齿胫叶甲（*Gastrophysa polygoni* Linnaeus），属鞘翅目叶甲科。

【形态特征】成虫体长4.6mm，头、鞘翅及腹面蓝紫色至蓝绿色，具金属光泽；前胸背板、腹部末节、足（除跗节端部）、触角基部棕红色。触角较长，伸达鞘翅肩胛，端节长，尖锥形。

【为害特点】以成虫为害，除取食藜麦和萹蓄的茎、叶外，也取食芥菜型油菜的叶片。

【发生规律】在柴达木盆地农业区1年发生1代，以成虫在土中、石缝及枯枝落叶下越冬，越冬成虫于翌年5月上中旬羽化出土，飞翔能力不强，只作短距离飞行后便交尾。羽化成虫首先寻食杂草萹蓄，5月下旬开始交尾产卵，一般将卵产在萹蓄

萹蓄齿胫叶甲成虫及为害状（李秋荣提供）

叶片的背面，每雌每次产卵40粒左右。随后，成虫向藜麦幼苗上转移为害，咬食藜麦嫩叶、嫩茎，严重时将整株植株吃光。幼虫共3龄，一龄幼虫具群集性，二龄分散活动，常将一片叶吃光后转移到其他叶片，三龄老熟幼虫于7月中旬开始钻入表土中作土室化蛹，7月底8月初羽化为成虫，随即钻入土中直至翌年春才出土。成虫畏光，一般于清晨和傍晚从土缝中爬出取食，阳光强烈时很少出现；有假死性，受到惊扰立即蜷缩落地，继而钻入土穴中隐藏，险情解除后再爬出取食。

【防控措施】

（1）农业防治。收获后及时清理地表，深翻土壤，消灭越冬蛹和成虫。

（2）药剂防治。在藜麦4～6叶期，用22.5%氯氟·啶虫脒可湿性粉剂1 500～2 000倍液、42%啶虫·哒螨灵可湿性粉剂800～1 200倍液、45%哒螨·噻虫胺水分散粒剂1 200～1 500倍液或5%啶虫脒乳油8 000倍液进行喷雾防治，兼治黄曲条跳甲，注意交替轮换用药。

4. 菠菜潜叶蝇

菠菜潜叶蝇（*Pegomya exilis* Meigen），属双翅目花蝇科。在藜麦苗期开始为害，主要以幼虫为害，幼虫潜入叶片蛀食，受害叶片表面布满潜道，失去光合作用能力，干枯、脱落，造成减产。菠菜潜叶蝇除为害藜麦外，还可为害藜、菠菜、甜菜等。

【形态特征】

成虫：体灰黄色，复眼黄红色，短小的触角1对，共3节，有触角芒1根，基部为黑色、粗大，逐渐过渡为黄色的细长丝状，前翅暗黄色，翅脉黄色，后翅退化成极小平衡棍。雄成虫腹部尖细，胸部与腹部呈向下弯曲状；雌成虫腹部肥大，呈半椭圆形，胸部与腹部基本平行，体长4～7mm，翅展10mm。

卵：呈长椭圆形，初为白色，后变为米黄色，表面有多角形规则网状纹，大小（0.8～0.9）mm×0.3mm。

幼虫：一龄幼虫体长1～2mm，呈透明；二龄幼虫体长4～5mm；老熟幼虫体长7～9mm，头尖尾粗，污黄色，口钩黑色，虫体各体节有许多皱纹。

蛹：为围蛹，头部较窄，尾部较平，前、后气门突起，红褐色至黑褐色，体长4～5mm。

菠菜潜叶蝇成虫及幼虫为害状（李秋荣提供）

【为害特点】幼虫在叶片内钻蛀为害，在上、下表皮之间蛀食后仅剩表皮，呈半透明水泡状突起，透过叶表皮可看到幼虫及排泄物，叶片变黄、干枯。

【发生规律】在柴达木盆地农业区1年发生2代，以蛹在土中越冬，越冬代成虫一般于5月中下旬羽化出土，6月初开始产卵，成虫喜欢将卵产在高大植株的叶片背面，排列成行，除了藜麦，也会选择在杂草藜上产卵；6月中旬藜麦植株高10～15cm时，第一代幼虫便开始在叶片内钻蛀为害，7月下旬第一代成虫产卵，9月中下旬第二代老熟幼虫化蛹。在青海东部农业区，该虫1年发生2

代，少数发生 3 代，越冬代成虫出土时间比柴达木盆地农业区提前20 ～ 30d。该虫主要以第一代幼虫为害藜麦，幼虫孵化后随即钻入叶肉，形成弯曲的隧道，通过表皮可看到幼虫及排泄物，其在叶片上、下表皮之间穿食后仅剩表皮，整个叶片呈半透明水泡状突起，叶片变黄而干枯，严重者导致作物减产。

【防控措施】

（1）农业防治。收获后及时深翻土地，能破坏一部分蛹，减少田间虫源。

（2）药剂防治。在潜叶蝇产卵盛期至孵化初期还未钻入叶内的关键时期用药防治，可选用氰戊菊酯、噻虫嗪、阿维菌素等。

5. 蚜虫

为害藜麦的蚜虫主要有豌豆蚜（*Acyrthosiphon pisum* Harris）和菜缢管蚜（*Lipaphis erysimi* Kaltenbach），均属半翅目蚜总科。

【为害特点】 蚜虫主要分布在藜麦的叶正面和幼茎生长点，吸取汁液为害，导致植株叶片变黄、卷缩变形、生长不良及幼叶畸形、植株矮小，严重影响藜麦的正常生长。同时蚜虫又是病毒的传播者，感染病毒的植株不能正常开花，对藜麦产量的影响较大。

【防控措施】

（1）物理防治。利用蚜虫趋黄性，用黄板进行诱杀。将黄板悬挂于距藜麦顶部10cm处防治有翅蚜虫，每亩悬挂黄板20 ～ 30块。

（2）药剂防治。药剂可选择1.5%苦参碱可溶液剂、5%吡虫啉乳油、1%印楝素水剂、1.8%阿维菌素乳油、2.5%溴氰菊酯乳剂或2.5%高效氯氟氰菊酯乳油喷雾防治。交替轮换用药或混用。

藜麦蚜虫为害状

6. 横纹菜蝽

横纹菜蝽（*Eurydema gebleri* Kolenati），属半翅目蝽科。寄主有油菜、甘蓝、萝卜、白菜、花椰菜、藜麦等。

【形态特征】

成虫：体长6 ～ 9mm，宽3.5 ～ 5mm，椭圆形，虫体底色淡，黄白色或大红色，均带蓝紫色有光泽的大黑斑，全体密布同色刻点，头部黑色，略带紫蓝色光泽。中央具一黄色"十"字形纹。小盾片蓝黑色，上具Y形黄色纹，末端两侧各具一黑斑。复眼、喙、触角黑色，触角基色淡，单眼红色。

卵：圆筒形，初产时白色，渐变灰白，孵化前为粉红色，表面密被细颗粒，上、下两端各具1圈黑色带纹。

若虫：体长1.1 ～ 1.4mm，宽0.9 ～ 1.1mm，头、触角、喙、胸部及足黑色，复眼棕黑色，腹背黄色，中央有7个大小不等的横长黑斑，三、四、五斑上各有臭腺孔1对，各色斑周围橘红色，各腹节侧缘各具1个黑斑，腹部黄色。

【为害特点】 横纹菜蝽以成虫和若虫刺吸藜麦嫩叶及嫩茎的汁液，致使被害部位出现黄褐色斑点，藜麦幼苗子叶期受害轻则萎蔫，重则枯死，花期受害不能结荚或籽粒不饱满。

【发生规律】 横纹菜蝽主要靠刺吸植物汁液生存，尤喜刺吸嫩芽、嫩茎、嫩叶、花蕾和幼荚。在青海省东部农业区较普遍，1年发生2代，以成虫在田间石块下越冬，翌年4月中旬开始取食、交尾。卵双行排列在叶背，初孵若虫群集在卵壳周围，有假死性。6月中旬各龄若虫及成虫群集为害，发生

| 横纹菜蝽成虫1型 | 横纹菜蝽成虫2型 | 横纹菜蝽若虫 |

横纹菜蝽为害状（李秋荣提供）

高峰期每平方米田地多达几十甚至上百头。

【防控措施】

（1）农业防治。与非十字花科作物进行轮作。

（2）药剂防治。横纹菜蝽发生初期喷施球孢白僵菌水分散粒剂。害虫种群密度较大，大量发生时，交替喷施菊酯类（溴氰菊酯、顺式氯氰菊酯或高效氯氟氰菊酯）、新烟碱类（噻虫嗪）杀虫剂，延缓害虫抗药性产生。

7. 宽胫夜蛾

宽胫夜蛾（*Melicleptria scutosa* Schifrefmuller），属鳞翅目叶蛾科。寄主植物有豆科、蒿属和藜属等植物超过20种，包括大豆、苜蓿、藜麦、向日葵、藜草等，其幼虫主要取食植物的幼苗、嫩叶和茎。

【形态特征】

成虫：头部及胸部灰棕色，下胸白色；腹部灰褐色；前翅灰白色，大部分有褐色点，基线黑色，只达亚中褶，内线黑色波浪形，后半外斜，后端内斜，剑纹大，褐色，具黑边，中央具一淡褐纵线，环纹褐色，具黑边，肾纹褐色，中央具一淡褐曲纹，黑边，外线黑褐色，外斜至4脉前折角内斜，亚端线黑色，不规则锯齿形，外线与亚端线间褐色，成一曲折宽带，中脉及2脉黑褐色，端线为1列黑点；后翅黄白色，翅脉及横脉纹黑褐色，外线黑褐色，端区有一黑褐色宽带，2～4脉端部有2个黄白斑，缘毛端部白色。

幼虫：头部及身体青色，背线及气门线黄色具黑边，亚背线有黑色斑点。

【为害特点】主要通过幼虫取食为害，同其他植食性夜蛾科昆虫一样具有暴食性，可对作物造成极大损害，2017年宽胫夜蛾在青海对藜麦造成重大损失。

| 宽胫夜蛾成虫 | 宽胫夜蛾幼虫 | 宽胫夜蛾蛹 |

【发生规律】在柴达木盆地农业区为害较重，1年发生1代，以蛹越冬。越冬代成虫于翌年6月中下旬羽化出土。主要以幼虫取食藜麦叶片及穗造成危害，一龄幼虫于7月中旬开始取食。三龄前幼虫体色为淡绿色，喜群集于叶片背面，将叶片咬成孔洞，仅剩上表皮；蜕皮成为高龄幼虫后体色变化较大且多样，从黄白色到黑褐色不等，并逐渐转移分散至不同叶片和穗上取食。成虫昼伏夜出，白天隐藏于隐蔽处，休息时翅多平贴于腹背；傍晚开始活动觅食，成虫发生量多时体色较深，且趋光性强，对灯、火、糖、蜜、酒、醋有正趋性。7月下旬及8月中旬为为害高峰期，叶片变黄后幼虫转移至藜麦穗上取食。9月中旬始现老熟幼虫。该虫繁殖能力强，单雌产卵量可达上千粒。有较强的远距离迁飞能力，迁飞种群的雌蛾比例显著高于雄蛾。

【防控措施】

（1）物理防治。成虫可用诱虫灯、糖醋混合液等诱杀。

（2）药剂防治。幼虫期喷洒氰戊菊酯、噻虫嗪、阿维菌素等。

8. 斑须蝽

斑须蝽（*Dolycoris baccarum*）又叫细毛蝽、斑角蝽、臭大姐，属半翅目蝽科。

【形态特征】

成虫：体长8～13.5mm，宽约6mm，椭圆形，黄褐或紫色，密被白色绒毛和黑色小刻点；触角黑白相间；喙细长，紧贴于头部腹面。小盾片近三角形，末端钝而光滑，黄白色。前翅革片红褐色，膜片黄褐色，透明，超过腹部末端。胸、腹部的腹面淡褐色，散布零星小黑点，足黄褐色，腿节和胫节密布黑色刻点。

卵：圆筒形，初产浅黄色，后灰黄色，卵壳有网纹，生白色短绒毛。卵排列整齐，成块。

若虫：形态和色泽与成虫相同，略圆，腹部每节背面中央和两侧都有黑色斑。

【为害特点】成虫和若虫刺吸嫩叶、嫩茎及穗部汁液。茎叶被害后，出现黄褐色斑点，严重时叶片卷曲，嫩茎凋萎。主要在藜麦灌浆成熟期为害，成虫和若虫刺吸藜麦穗部汁液，影响藜麦正常生长，导致减产减收。

斑须蝽为害状

【发生规律】1年发生1～3代，以成虫在植物根际、枯枝落叶下、树皮裂缝中或屋檐下等隐蔽处越冬。成虫多将卵产在植物上部叶片正面、花蕾或果实的苞片上，呈多行整齐排列。初孵若虫群集为害，二龄后扩散为害。成虫及若虫有恶臭，均喜群集于作物幼嫩部分和穗部吸食汁液，自春至秋持续为害。

【防控措施】

（1）农业防治。播种或移栽前或收获后，清除田间及四周杂草，集中销毁或沤肥；深翻地灭茬、晒土，促使病残体分解，减少病源和虫源。和非本科作物轮作，水旱轮作最好。合理密植，增加田间通风透光度。

（2）药剂防治。成虫、若虫为害盛期用20%氰戊菊酯乳油2 000倍液、2.5%高效氯氟氰菊酯水乳剂2 500倍液、2.5%溴氰菊酯乳油3 000倍液、10%吡虫啉可湿性粉剂3 000倍液或50%辛硫磷乳油1 000倍液喷雾防治。

第八章　枸杞主要病虫害

枸杞是茄科枸杞属多分枝灌木植物，果实称枸杞子，嫩叶称枸杞头，有很高的药用和保健价值。青海省因海拔高、气温低、日照时间长、气候干燥、太阳辐射强、昼夜温差大、无霜期长等特点，适宜枸杞的生长发育。青海省枸杞主要分布在柴达木盆地的都兰、德令哈、格尔木、乌兰、柴旦等地。全省常年枸杞种植面积近50万亩，成为全国最大的枸杞种植区和有机枸杞生产基地。随着枸杞种植面积的扩大，病虫害呈上升趋势，主要病虫害有枸杞炭疽病、白粉病、根腐病、蚜虫、瘿螨、实蝇、红瘿蚊、木虱、负泥虫等。

第一节　枸杞主要病害

1. 枸杞炭疽病

【病原】胶孢炭疽菌 [*Colletotrichum gloeosporioides* (Penz.) Sacc.]，属子囊菌亚门真菌。

【症状】枸杞炭疽病俗称黑果病，主要为害青果、嫩枝、叶、蕾、花等。青果染病初在果面上生小黑点或不规则褐斑，遇连阴雨天气病斑不断扩大，半果或整果变黑，干燥时果实缢缩；湿度大时，病果上长出很多橘红色胶状小点；嫩枝、叶尖、叶缘染病产生褐色半圆形病斑，扩大后变黑，湿度大时湿腐状，病部表面出现黏滴状橘红色小点，即病原菌的分生孢子盘和分生孢子。

枸杞炭疽病病果和病叶

【发生规律】以菌丝体和分生孢子在枸杞树上和地面病残果上越冬。翌年春季主要靠雨水飞溅把黏结在一起的分生孢子分开后传播到幼果、花及蕾上，经伤口或直接侵入，潜育期4～6d，该病在多雨年份、多雨季节扩展快，呈大雨大高峰、小雨小高峰的态势，果面有水膜利于孢子萌发，无雨时孢子在夜间果面有水膜或露滴时萌发，干旱年份或干旱无雨季节发病轻、扩展慢。5月中旬至6月上旬开始发病，7月中旬至8月中旬暴发，为害严重时，病果率高达80%。

【防控措施】

（1）农业防治。收获后及时剪去病枝、病果，清除树上和地面上病残果，集中深埋或销毁。到6月第一次降雨前再次清除树体和地面上的病残果，减少初侵染源。禁止大水漫灌，雨后排除枸杞园积水，以控制田间湿度，减少夜间果面结露。及时防蚜、螨，防止害虫携带孢子传病和造成伤口。

（2）药剂防治。发病初期喷洒溴菌腈、炭疽·福美、福·福锌、咪鲜胺或咪鲜胺锰盐、百菌清＋代森锰锌、苯菌灵，隔10d左右1次，连续防治2～3次。发病时，可选用35%苯甲·咪鲜胺水乳剂1 000倍液、70%甲基硫菌灵可湿性粉剂800倍液或50%腐霉利可湿性粉剂800倍液喷雾，每隔7～10d一次，连喷2～3次。

2. 枸杞白粉病

【病原】穆氏节丝壳 [*Arthrocladiella mougeotii* (Lév.) Vassilk.]，属子囊菌亚门真菌。

【症状】主要为害叶片。叶片两面生近圆形的白色粉状霉斑，后期整个叶片被白粉覆盖，形成白色斑片。

【发生规律】在北方病菌以闭囊壳在枯枝落叶中越冬。田间发病后，病部产生分生孢子通过气流传播，进行再侵染。高湿利于孢子萌发和侵入，高温干燥利于分生孢子繁殖和病情扩展，高温干旱与高湿交替出现，又有大量菌源和感病寄主，白粉病易流行和暴发成灾。

【防控措施】

（1）农业防治。秋末冬初清除病残体及落叶，集中深埋或销毁。田间注意通风透光，不要栽植过密，必要时应疏除过密枝条。

（2）药剂防治。发病初期喷洒甲基硫菌灵、苯菌灵、多菌灵、三唑酮、碱式硫酸铜或晶体石硫合剂，隔10d左右1次，连续防治2～3次，采收前7d停止用药。

枸杞白粉病症状

3. 枸杞根腐病

【病原】腐皮镰孢菌 [*Fusarium solani* (Mart.) Sacc.]、尖镰孢菌（*F.oxysporum*）或立枯丝核菌（*Rhizoctonia solani* Kühn），均属子囊菌亚门真菌。

【症状】主要为害根茎部和根部。发病初期病部呈褐色至黑褐色，逐渐腐烂，后期外皮脱落，只剩下木质部，剖开病茎可见维管束褐变。湿度大时病部长出一层白色至粉红色菌丝状物。地上部叶片发黄或枝条萎缩，严重的枝条或全株枯死。

枸杞根腐病症状

【发生规律】病菌以菌丝体和厚垣孢子在土壤中越冬，翌年条件适宜时，随时可侵入根部或根茎部引起发病，一般4月至6月中下旬开始发生，7—8月扩展。地势低洼积水、土壤黏重、耕作粗放的枸杞园易发病。多雨年份、光照不足、种植过密、修剪不当及长期施用单一化肥发病重。

【防控措施】

（1）农业防治。发现病株及时挖除，补栽健株，并在病穴中施入石灰消毒，必要时可换入新土。提倡施用日本酵素菌沤制的堆肥和腐熟有机肥。

（2）药剂防治。发病初期喷淋甲基硫菌灵或浇灌代森铵、多菌灵或代森锰锌，每隔7～10d浇灌一次，连灌2～3次。

第二节　枸杞主要害虫

1. 枸杞蚜虫

枸杞蚜虫（*Aphis* sp.），属半翅目蚜科。生产上又叫绿蜜、蜜虫和油汗。凡是有枸杞栽培的地区均有枸杞蚜虫为害，枸杞蚜虫为害期长，繁殖快，是枸杞生产中重点防治的害虫之一。

【形态特征】枸杞蚜虫属不完全变态，有卵、若虫和成虫三种形态。其中成虫有有翅蚜和无翅蚜两种。体淡绿色至深绿色。

【为害特点】枸杞蚜虫常群集于嫩梢、花蕾、幼果等汁液较多的幼嫩部位吸取汁液为害，造成受害枝梢曲缩，生长停滞，受害花蕾脱落；受害幼果成熟时不能正常膨大。严重时枸杞叶片全部被蚜虫的"粪便"所覆盖，起油发亮，直接影响了叶片的光合作用，造成植株大量落叶、落花、落果，植株早衰，致使大幅度减产。

枸杞蚜虫为害嫩梢　　　　　　枸杞蚜虫为害嫩果

【发生规律】枸杞蚜虫以卵在枸杞枝条缝隙内越冬，春梢开始抽发时，卵孵化为干母。第一代成虫繁殖2～3代后出现有翅蚜，5月中旬至7月上中旬虫口密度最大。6月中下旬是蚜虫为害的最高峰。10月下旬将卵产在枝条缝隙处越冬。

【防控措施】

（1）农业防治。①充分修剪：休眠期修剪后的枝条和枸杞园干枯的杂草集中带出园外销毁，减少越冬基数。枸杞蚜虫在5月下旬以前及时进行夏季修剪，主要集中在徒长枝、根蘖苗和强壮枝的嫩梢部位，及时疏剪徒长枝、根蘖苗和短截强壮枝梢，带出园外销毁。②运用水肥措施，重视施用有机肥，增施磷钾肥，适当控制灌水次数，使枸杞树体壮而不旺，提高树体的抗虫能力。

（2）药剂防治。抓好蚜虫干母孵化期，有翅蚜出现初期和越冬代产卵期进行防治。结合枸杞锈螨和瘿螨进行混合防治，药剂可选择吡虫啉、苦参碱、高氯·啶虫脒。坚持轮换用药，提高防治效果。

（3）生物防治。保护和利用自然天敌，生产中小花蝽、草蛉、瓢虫、蚜茧蜂、食蚜蝇等天敌对枸杞蚜虫均有明显抑制作用。

（4）物理防治。蚜虫暴发初期，使用黄色粘虫板诱杀有翅蚜。

2. 枸杞木虱

枸杞木虱（*Bactericera gobica*），又叫猪嘴蜜、黄疸，属半翅目木虱科，是枸杞生产中的主要害虫之一。

【形态特征】

成虫：黄褐色至黑褐色，具橙黄色斑纹，似小蝉，体长2mm。

卵：长圆形，产于叶正面和背面，由一长丝柄连接。

若虫：体扁平，形如盾牌，贴于叶片表面。

枸杞木虱成虫　　　　　　　　　　　　　枸杞木虱卵

【为害特点】木虱成虫与若虫都以刺吸式口器刺入枸杞嫩梢、叶片表皮组织吸吮汁液，造成树势衰弱。严重时成虫、若虫对老叶、新叶、枝全部为害，树下能观察到灰白色粉末状粪便，造成整树树势严重衰弱，叶色变褐，叶片干死，产量大幅度减少，质量严重降低，最严重时造成一至二年生幼树当年死亡，成龄树果枝或骨干枝翌年早春全部干死。

【发生规律】枸杞木虱以成虫在树冠、土缝、树皮下、落叶下、枯草中越冬。翌年气温高于5℃时，开始出蛰为害。一般在3月下旬出蛰为害，出蛰后的成虫在枸杞未萌芽前不产卵，只吸吮果、枝树液补充营养，常静伏于下部枝条的向阳处，天冷时不活动。枸杞萌芽后，开始产卵，孵化后的若虫从卵的上端顶破卵壳，顺着卵柄爬到叶片上为害，若虫全部附着在叶片上吮吸叶片汁液，成虫羽化后继续产卵为害。

【防控措施】

（1）农业防治。3月上旬集中清除枸杞园内落叶、枯草，可减少越冬代基数。

（2）药剂防治。枸杞木虱是枸杞所有害虫中出蛰最早的，一般出蛰盛期，枸杞还未展叶，抓住这一防治时期，选准农药，可以控制全年的木虱总量。枸杞木虱对农药的选择范围小，枸杞木虱一般抗药性产生较慢，选准一个农药可以使用3～5年，如用溴氰菊酯防治枸杞木虱防治时间长达5～7年。防治枸杞蚜虫的药剂可兼治木虱，早春萌芽期可选用阿维菌素、吡虫啉等。

3. 枸杞瘿螨

枸杞瘿螨（*Aceria pallida*），属蜱螨目瘿螨科。

【形态特征】

成虫：体长0.1～0.3mm，全体橙黄色，长圆锥形，略向下弯曲，前端较粗。头、胸部宽而短，向前突出呈喙状。足2对。

卵：圆球形，透明。

若螨：形如成螨，只是体长较成螨短，中部宽，后部短小，前端有4足及口器如花托，浅白色至浅黄色，半透明；若螨较幼螨长，较成虫短，形状接近成虫。

【为害特点】枸杞瘿螨为害枸杞叶片、嫩梢、花蕾、幼果，被害部分变成蓝黑色痣状的虫瘿，并使组织隆起。受害严重的叶片扭曲变形，顶端嫩叶卷曲膨大成拳头状，变成褐色，提前脱落，造成秃顶枝条，停止生长。嫩茎受害，在顶端叶芽处形成丘状虫瘿。

枸杞瘿螨为害造成的虫瘿

【发生规律】枸杞瘿螨是以老熟雌成螨在枸杞的当年生枝条及二年生枝条的越冬芽、鳞片及枝条的缝隙内越冬，翌年4月中下旬枸杞枝条展叶时，成螨从越冬场所迁移到叶片上产卵，孵化后若螨钻入枸杞叶片造成虫瘿。5月中下旬春七寸枝新梢进入速生阶段，老叶片上的瘿螨从虫瘿内爬出，爬行到七寸枝枝梢上为害，从此时起至6月中旬是第一次繁殖为害盛期。8月中下旬秋梢开始生长，瘿螨又从春七寸枝叶片转移到秋七寸枝梢叶片为害，9月达到第二次为害高峰。10月中下旬进入休眠。

【防控措施】一般防治效果比锈螨差，造成的损失要比锈螨轻。枸杞发芽前，越冬成螨大量出现时是防治适期。

（1）农业防治。越冬前，剪除带虫卵的枝条，清理枯枝落叶和杂草，集中于园外深埋消灭虫源。生长季节及时抹芽，清除大量虫瘿的枝条，减少徒长枝。

（2）药剂防治。春季枸杞萌芽，枸杞瘿螨从枸杞木虱体内脱离前，喷施触杀型药剂防治枸杞木虱和枸杞瘿螨。生长季节，枸杞瘿螨扩散迁移期间，使用40%哒螨·乙螨唑悬浮剂5 000～6 000倍液喷雾。

4. 枸杞负泥虫

枸杞负泥虫（*Lema decempunctata* Gebler），又称十点负泥虫、背粪虫、稀屎蜜，属鞘翅目叶甲科。在老产区一般间歇性发生或不发生，在枸杞新发展地区，尤其是荒漠的新发展地区属常发性害虫。成虫和幼虫啃食叶片，防治不及时甚至会吃光整株树叶，严重影响植株生长和产量。

【形态特征】

成虫：体长5～6mm，头部呈黑色，复眼大，突出于两侧。前胸背板及小盾片蓝黑色，具明显金属光泽。鞘翅黑褐色，刻点粗密，每个鞘翅有5个近圆形黑斑，有时黑斑全部消失。

卵：黄色，一般有10多粒呈V形排列于叶背面。

幼虫：长约7mm，泥黄褐色，背面附着黑绿色稀糊状粪便。

【为害特点】成虫常栖息于枝叶，幼虫背负自己的排泄物，故称负泥虫。被害叶片在边缘形成缺刻或叶面呈孔洞，严重时全叶叶肉被吃光，只剩叶脉。

【发生规律】枸杞负泥虫常栖息于野生枸杞或杂草中，以成虫飞翔到栽培枸杞树上啃食叶片、嫩梢，产卵于叶背，一般8～10d卵孵化为幼虫，开始大量为害。枸杞负泥虫1年发生3代，以成虫在田间隐蔽处越冬，春七寸枝生长后开始为害，6—7月为害最严重，10月初末代成虫羽化，10月底进入越冬。

【**防控措施**】

(1) 农业防治。清洁枸杞园，尤其是田边、路边的枸杞根蘖苗、杂草，每年春季要彻底清除一次。

(2) 药剂防治。幼虫期可用氰戊菊酯、溴氰菊酯、烟碱·苦参碱或阿维菌素进行防治。

枸杞负泥虫成虫　　　　　　　枸杞负泥虫卵　　　　　　　枸杞负泥虫幼虫

5. 枸杞红瘿蚊

枸杞红瘿蚊 (*Gephyraulus lycantha*)，属双翅目瘿蚊科。

【**形态特征**】

成虫：体长 2.0 ～ 3.5mm，展翅约 6mm。黑红色，形似小蚊子，体表生有黑色微毛；触角 16 节，黑色，念珠状，节上生有较多长毛；复眼黑色，在头顶部相接；各足跗节 5 节，第一跗节最短，第二跗节最长，其余 3 节依次渐短，跗节端部具爪 1 对，每爪生有一大一小两齿；胸、腹背面具黑色微毛，腹面淡黄色，雌虫尾部有一小球状凸起；前翅翅面上密布微毛，外缘和后缘密生黑色长毛。

卵：长圆形，一端钝圆，一端稍尖，近无色透明，常十多粒一起，产于幼蕾顶端内。

幼虫：体长 1.3 ～ 2.7mm，越冬幼虫体长约 1.5mm。初孵时白色，渐变橘黄色，后为淡橘红色小蛆，扁圆形，腹节两侧各有一微突，上生有一短刚毛。体表面有微小突起花纹。胸骨叉黑褐色，与腹节愈合不能分离。

蛹：长约 1.7mm，黑红色。头顶有二尖突，后有一淡色长刚毛。腹部各节背面均有一排黑色毛。

【**为害特点**】枸杞红瘿蚊 1 年发生 5 ～ 6 代，秋季以末代老熟幼虫在土中结茧越冬，翌年在枸杞展叶现蕾时，越冬代成虫羽化出土，2d 后即产卵于春蕾中为害。其他各代均以卵和幼虫为害花蕾，幼虫老熟后入土并在土中结茧、化蛹，蛹羽化后，成虫出土交配、产卵，继续为害花蕾。成虫将卵产于枸杞幼嫩花蕾，卵孵化后以幼虫取食子房，使花蕾呈盘状畸形虫瘿，虫瘿内幼虫有数十头至百余头，致使花蕾不能正常开花结实，最后干枯早落。

【**发生规律**】成虫不取食，一般在 4 月下旬温度大于 7℃ 时，每天上午 8—11 时和下午 19—23 时交尾、产卵。成虫寿命较短，雌成虫产卵后 2 ～ 3d 内死亡。卵 3 ～ 5d 即可孵化，幼虫期约 13d。初孵幼虫无色、透明，2 ～ 3d 后逐渐转成橘红色。幼虫在幼蕾内蛀食花器，吸食汁液，同时分泌一些物质造成花蕾畸形肿大，不能结果，预蛹期 8d，蛹期 2 ～ 3d，25 ～ 30d 完成 1 代。幼虫老熟后入土化蛹。

枸杞红瘿蚊幼虫及为害状

【防控措施】

（1）物理防治。在春季进行田间覆膜防治，为确保封杀效果，尽量延长覆膜时间至30d以上。虫害发生较重时，9月中下旬再次进行覆膜封杀。

（2）药剂防治。①枸杞萌芽期，越冬代枸杞红瘿蚊出土时，地面喷施触杀型药剂，枸杞红瘿蚊扩散迁移期间，可使用40%哒螨·乙螨唑悬浮剂5 000～6 000倍液喷雾。②萌芽后发现花蕾被害时，树冠补喷5%吡虫啉可湿性粉剂1 000～2 000倍液等内吸性杀虫剂防治初孵幼虫。

6. 枸杞实蝇

枸杞实蝇（*Neoceratitis asiatica*），属双翅目实蝇科。

【形态特征】

成虫：体长4.5～5mm，翅展8～10mm。头橙黄色，颜面白色；触角橙黄色，触角芒褐色，上有微毛；复眼翠绿色，眼缘白色，两眼间有∩形纹，单眼3个，单眼区黑褐色；足橙黄色，爪黑色；腹部呈倒葫芦形，背面有3条白色横纹，胸背漆黑色，有强光，中部有3条纵白纹与两侧的2条短横白纹相接成"北"字形纹，上有白毛，但白纹有时并不明显，小盾片背面有蜡白色斑纹，周围及后部、下部均黑色；翅透明，有深褐色斑纹4条，1条沿前缘，其余3条由此分出，斜伸达翅缘，亚前缘脉的尖端转向前缘成直角，在此直角内方有一小圆圈；雌虫腹端有产卵管突出，扁圆如鸭嘴状，雄虫腹端尖。

卵：白色，长椭圆形。

幼虫：体长5～6mm，圆锥形乳白色，有的幼虫后半部略带红色。

蛹：体长3.5～4mm，宽1.8～2mm，圆柱形，一端略尖，淡黄色至赤褐色。

枸杞实蝇为害状　　　　　　　　　　枸杞实蝇幼虫

75

【**为害特点**】该虫专食枸杞果实，因此命名为枸杞实蝇，群众称其幼虫为白蛆，称被害的枸杞果为蛆果。成虫产卵于幼果皮内。幼虫孵化后在果内以果肉浆汁为食。被害果在早期看不出显著症状，到后期果皮表面呈现极易识别的白色弯曲斑纹，果肉被吃空并布满虫粪，失去商品或药用价值。

【**发生规律**】以蛹蛰伏在土中越冬，翌年5月中旬开始羽化出土，繁殖为害。成虫羽化时间一般在早上6—9时，其飞翔力颇弱。一般仅能活动于原树上。早晚温度较低时，成虫行动迟缓，中午温度升高后变得活跃。成虫羽化后2～5d内交尾，受精雌虫2～5d开始产卵。卵产在落花后5～7d的幼果果皮内。被产卵管刺伤的幼果果皮伤口流出胶质物，并形成一个褐色乳状突起。一般情况下1果产1粒卵，偶有1果产2～3粒卵，通常在果内最终只能成活1头幼虫。幼虫在果内老熟后，在接近果柄处钻1个圆形孔，钻出虫果，爬行结合跳跃，寻找松软的土面或缝隙，钻入土内化蛹。成虫无趋光性。幼虫脱果多在黄昏时段，少数在夜间。

【**防控措施**】

（1）农业防治。虫果变色较正常果实早，可以人工采摘虫果，集中深埋销毁。

（2）物理防治。选用对枸杞实蝇有引诱作用的诱集产品，结合黏性胶挂在枸杞树上，诱杀实蝇成虫。

第九章 番茄主要病虫害

第一节 番茄主要病害

1. 番茄斑萎病毒病

番茄斑萎病毒病具有突发性、暴发性、成灾性特点，一旦暴发，损失惨重。因病原病毒寄主范围广、造成的经济损失巨大，被列为世界危害最大的10种植物病毒之一。

【病原】番茄斑萎病毒（*Tomato spotted wilt virus*，TSWV），属布尼亚病毒目（*Bunyaviridae*）番茄斑萎病毒科（*Tospoviridae*）。

【症状】番茄整个生长期均可感染TSWV，一旦发病，迅速遍及整株，为系统性侵染，常引起植株萎蔫、坏死以及果实出现斑点等症状，但品种、环境条件、生长期等不同，症状表现也不一样。番茄生长早期感病对番茄植株为害最大，植株生长迟缓，明显矮化，严重的病株仅有健株的一半高。植株由上而下逐渐黄化，有的一棵病株仅下部有几片正常叶，上部叶片发黄程度重于下部叶片。茎部有褐色坏死条斑，病叶呈萎蔫状，叶片发黄，不舒展，呈枯死状，有环斑及褪绿斑驳，黄化越严重枯斑越多。早期发病植株的花蕾枯死，病株上可见很多枯死的花蕾及落蕾。发病植株生长后期可以结出果

番茄斑萎病毒病植株萎蔫

番茄斑萎病毒病植株上部叶片黄萎，下部叶片正常

番茄斑萎病毒病果实现褪绿环斑

77

实，但果实数量少且果实上出现褪绿环斑，果实完全成熟后病斑更明显。

【发生规律】TSWV的寄主范围很广，能够侵染84科1 090种植物，如马铃薯、茄子、南瓜、烟草、莴苣、芹菜和菊花等，以茄、菊、豆科作物及观赏植物受害严重，也能侵染许多田间常见杂草，田旋花、繁缕、野生烟等杂草均可作为其越冬寄主。TSWV是目前已知的寄主范围最广泛的植物病毒种类之一，已成为一种世界范围内发生为害的重要植物病毒。主要由种子传毒和虫媒传播。西花蓟马是最主要的传播媒介，既可有性生殖，又可孤雌生殖，其繁殖方式为病毒的扩散提供了便利条件。西花蓟马以锉吸式口器摄取植物汁液，细胞暴露使病毒通过破损的细胞侵染。病毒不断繁殖，最终使植物感染TSWV。西花蓟马幼虫期获得病毒，成虫传播病毒，成虫一旦带毒就能终生传毒。

【防控措施】

（1）物理防治。悬挂黄、蓝、白板诱杀成虫，或者加盖防虫网以防止蓟马的入侵。悬挂色板时，每亩悬挂20～30张，同时需将其高度保持在其底端距离植株顶端叶片约10cm的位置上。

（2）药剂防治。叶面喷施啶虫脒、多杀霉素、噻虫嗪、乙基多杀菌素、白僵菌、阿维菌素及其复配产品，每隔7d均匀喷雾1次，连续2～3次，应注意交替轮换用药，并配以助剂，避免同一种农药重复使用。蓟马隐蔽性强，喷药时应注意喷至花朵中和茎基部，杀灭卵、蛹、幼虫和成虫各种虫态。根据蓟马昼伏夜出的生活习性，选在早晨或傍晚施药效果最好。

（3）生物防治。可释放胡瓜钝绥螨、斯氏钝绥螨等天敌。

2. 番茄根结线虫病

番茄是对根结线虫最为敏感的作物之一，受害后植株矮小，发育不良，结果小而少，一般减产30%～50%，严重时可达80%，甚至绝产。

【病原】南方根结线虫 [*Meloidogyne incognita*（Kofoid et White）Chitwood]，属线形动物门垫刃目异皮科根结线虫属。

【症状】根结线虫主要为害根部，受害根部肿起，形成不规则的瘤状物，初为白色，后呈黄褐色至黑褐色。根部的须根或侧根上产生肥肿畸形瘤状根结。地上部轻病株症状不明显，重病株矮小，发育不良，结实少，干旱时中午萎蔫或提早枯死。由于破坏了根系的正常机能，植株地上部生长衰弱，严重时植株枯死。从苗期到成株期均可为害。

番茄根结线虫病症状

根结线虫造成茎空心

根结线虫造成根粗糙腐烂

【发生规律】线虫以卵在病株根内，或以二龄幼虫在土壤中越冬。翌年，在环境适宜时，越冬卵孵化为幼虫，而二龄幼虫继续发育。在田间主要依靠带虫土及病残体传入、农具携带传播，也可通过流水传播，幼虫一般从嫩根部位侵入。侵入前，能作短距离移动，速度很慢，故此病不会在短期内大面积发生和流行。侵入后，能刺激根部细胞增生，形成肿瘤。幼虫在肿瘤内发育至三龄，开始分化，四龄时性成熟，雌、雄虫体各异，雌、雄虫交尾产卵。雄虫交尾后进入土中死亡；卵在瘤内孵化，一龄幼虫出卵并进入土中，进行侵染和越冬。也有的以卵在病根和土壤中越冬。

保护地地势高燥、沙质土壤、低盐分土壤有利于发病；重茬连作发病重。土壤潮湿、黏重时，发病轻或不发病。如果土壤墒情适中，透气性又好，线虫可以反复为害。

【防控措施】

（1）农业防治。番茄全部收获后，清理病残体。种植前深翻土壤。

（2）药剂防治。番茄定植前用石灰氮消毒，每亩耕层土壤中施入石灰氮75～100kg，麦草1 000～2 000kg或鸡粪3 000～4 000kg，做畦后灌水，灌水量要达到饱和程度，覆盖透明塑料薄膜，四周要盖紧、盖严，让薄膜与土壤之间保持一定的空间，以利于提高地温，增强杀菌灭虫效果。密闭温室或大棚，闷棚20～30d。定植前也可用阿维菌素喷雾，然后用钉耙混土。生长期发病的植株，可用阿维菌素穴浇根部。每亩可用30%噻唑膦微囊悬浮剂1 000mL或21%阿维·噻唑膦水乳剂500～1 000mL，或用41.7%氟吡菌酰胺悬浮剂等进行应急防治。

③ 番茄灰霉病

【病原】 灰葡萄孢（*Botrytis cinerea* Pers.），属子囊菌亚门真菌。

【症状】 植株地上部分均可受害，以果实和叶片为主。幼苗染病，子叶先端发黄，叶片呈水渍状腐败；幼茎受害初为水渍状缢缩，继而变成褐色病斑，常折断。果实发病多从残留的败花和柱头部开始，造成花腐，后向果面和果柄扩展，一般近果蒂、果柄或果脐处先显症。幼果则全果软腐，果实成熟前病部果皮呈灰白色，水渍状软腐，很快发展成不规则形大斑，果实失水后僵化或湿润软腐。病果一般不脱落，发病后相互接触传染、扩大蔓延，严重时，导致整穗果实全部腐烂。叶片发病多从叶尖开始，向内呈V形扩展，病斑初呈水渍状，边缘不规则，后呈浅褐色至黄褐色，具深浅相间的轮纹。染病的花瓣、花蕊等落到叶面或枝梗上，可形成圆形或梭形病斑。茎较少受害，损伤处染病开始呈水渍状，后扩展为长椭圆形或长条形斑。当病斑环绕茎部时，其上端枝叶萎蔫枯死。潮湿时在受害果、叶、茎的病部密生灰褐色霉层。渐渐在灰霉中散生大小不同的黑色菌核。

【发生规律】 病菌主要以菌核遗留在土壤中，或以菌丝体和分生孢子在病残体上越冬或越夏，也可在其他有机物上腐生存活，成为下茬蔬菜的侵染源。低温、高湿和寡照是发病的必要条件，高湿是发病主导因素。菌核萌发产生菌丝体和分生孢子。分生孢子随气流、雨水或露滴、农事操作等传播，

| 番茄灰霉病发病果实 | 番茄灰霉病发病枝干与叶片 | 番茄灰霉病全株萎蔫枯死 |

多从寄主衰弱的器官、组织或伤口处侵入，引起发病。有由附着转入侵染的潜伏现象，染病部又产生分生孢子，借气流等传播进行再侵染。

【防控措施】

（1）农业防治。高畦栽培，用滴灌、渗灌、膜下灌等灌溉方式，提高土壤的温度和降低棚室内的湿度。当棚室内的温度达到33℃以上时，浇水后棚室内的湿度就会迅速增加，必须及时放风，尽量将棚室内相对湿度降到80%以下，阴天也应开窗换气，以免叶片和果面结露。

（2）药剂防治。可选嘧霉胺、腐霉利、异菌脲、啶酰菌胺、嘧菌环胺、咯菌腈、氟菌·肟菌酯等药剂喷雾，叶片正、反面喷均匀，注意合理轮换用药。也可用腐霉利、百菌清、菌核净烟剂或乙霉威粉尘剂烟熏一夜，次日开门通风。

4. 番茄叶霉病

番茄叶霉病又称黑霉病，俗称黑毛，是保护地番茄上的重要叶部病害，主要为害叶片，严重时也为害茎、花和果实。保护地高湿，或遇连续阴雨天，光照较弱时利于病害发生。番茄发病后使叶片变黄枯萎，严重影响光合作用和营养合成，降低番茄产量和品质。

【病原】 褐孢霉菌 [*Fulvia fulva* (Cooke) Cif.]，异名为黄枝孢菌（*Cladosporium fulvum* Cooke），属子囊菌亚门真菌。

【症状】 番茄叶霉病主要为害叶片，严重时也为害茎、花和果实，叶片发病，初期叶片正面出现黄绿色、边缘不明显的斑点，叶背面出现灰白色霉层，后霉层变为淡褐至深褐色；湿度大时，叶片表面病斑也可长出霉层。病害常由下部叶片先发病，逐渐向上蔓延，发病严重时霉层布满叶背，叶片卷曲，整株叶片呈黄褐色干枯。嫩茎和果柄上也可产生相似的病斑，花器发病易脱落。果实发病，果蒂附近或果面上形成黑色圆形或不规则斑块，硬化凹陷，不能食用。

【发生规律】 病菌以菌丝体或菌丝块在病残体内越冬，也可以分生孢子附着在种子表面或以菌丝潜伏于种皮内越冬。翌年条件适宜时，从病残体上越冬的菌丝体产生分生孢子，以气流传播引起初侵染，另外，播种带菌的种子也可引起初侵染。该病有多次再侵染，病菌萌发后，从寄主叶背面的气孔侵入，菌丝在细胞间蔓延，并产生吸器伸入细胞内吸取水分和养分，形成病斑。环境条件适宜时，病斑上又产生大量分生孢子，进行不断再侵染。病菌也可从萼片、花梗的气孔侵入，并能进入子房，潜伏在种皮上。

番茄叶霉病症状

高温、高湿有利于发病。病菌发育最适温度20～25℃。湿度是影响发病的主要因素。相对湿度高于90%，有利于病菌繁殖，发病重；相对湿度在80%以下，不利于孢子形成，也不利于侵染及病斑的扩展；气温低于10℃或高于30℃，病情发展可受到抑制。在高温、高湿条件下，从开始发病到普遍发生只需要半个月左右。保护地过于密植，整枝搭架不及时，浇水过多，通风不良，郁闭、高湿，发病严重。阴雨天气或光照弱有利于病菌孢子的萌发和侵染。而光照充足，温室内短期增温至30～36℃，对病害有明显的抑制作用。番茄品种间抗病性具有差异。

【防控措施】

（1）农业防治。控制棚内温、湿度，适时通风，适当控制浇水，降低温、湿度；注意田间的通风透光，不宜种植过密，适当增施磷、钾肥，提高植株的抗病能力；及时整枝打杈，摘除病叶、老叶，增强通风；滴灌可降低棚室的相对湿度，勿大水漫灌。

（2）药剂防治。病害始发期，保护地番茄用百菌清烟剂熏蒸，或喷洒百菌清粉尘剂，间隔8～10d喷1次，交替轮换施用。发病初期，摘除下部病叶后及时喷药保护，可选多菌灵、异菌脲、武夷霉素、甲基硫菌灵、百菌清、苯醚甲环唑等，重点喷洒叶片背面。

5. 番茄晚疫病

番茄晚疫病又称番茄疫病，在番茄的整个生育期均可发生，幼苗、叶、茎、果实均可发病，是一种毁灭性病害，在番茄种植区域普遍发生。特别是在冬季设施栽培的番茄，因高湿低温易发病。该病一旦发生传播迅速，一般减产50%左右，严重时毁种绝收。

【病原】致病疫霉菌 [*Phytophthora infestans* (Mont.) de Bary]，属卵菌。

【症状】番茄晚疫病从苗期开始一直到成株期都能发病，一般情况下，在番茄坐果后发病开始加重，不仅为害叶片、茎，果实也会受害。叶片上先出现病斑，随后向主茎蔓延，颜色为黑褐色，最终导致整株番茄萎蔫。

番茄晚疫病发病叶片与茎秆

叶片发病：病斑从下部叶片的叶尖或边缘处开始出现，前期为墨绿色的水渍状斑点，随着病害加重，当田间湿度较大时，叶片背部的病斑上会有白色霉层，然后扩散到主脉和叶柄，导致叶片萎蔫下垂，最终形成湿腐状。

茎部受害：前期会有墨绿色的水渍状病斑，随着病害加重，会变成黑褐色的湿腐状，当遇到下雨天气，田间湿度大，在病斑的边缘会出现白色霉层，严重时造成上部枝叶枯死。

果实受害：一般情况下，病斑多出现在靠近果柄的位置，和叶片、茎部一样，前期也会出现墨绿色的水渍状病斑，后期变成褐色，有凹陷，遇到潮湿的情况，病斑上会有白色霉层，导致果实腐烂。

【发生规律】番茄各个生育期都可受该病为害，幼苗期、结果期为害最重。白天气温24℃以下，夜间10℃以上，空气湿度在95%以上，或有水膜存在时，发病重。持续时间越长，发病越重。温度低、日照少，病害会加重。地势低洼、排水不良、田间湿度大，易诱发此病。棚室栽培时，种植密度过大、偏施氮肥、放风不及时，发病重。叶面有水膜，最易侵染和发病。病原主要随病残体在土壤中越冬，也可以在冬季栽培的番茄及马铃薯块茎中越冬。

【防控措施】

（1）农业防治。平衡施肥，除了氮肥外，磷肥、钾肥以及其他中微量元素也要补充；要及时修剪，避免田间过于郁闭；摘除病叶、病果，避免重复侵染。

（2）药剂防治。可选喹啉铜、多抗霉素、丁吡吗啉、氰霜唑、嘧菌酯、氟啶胺、氨基寡糖素等喷雾，间隔7～10d，多次喷施防治。也可用百菌清烟剂熏蒸，连用2～3次。

6. 番茄溃疡病

番茄溃疡病又称萎蔫病、细菌性溃疡病，为番茄的毁灭性病害，是一种维管束系统病害，幼苗至结果期均可发生，大田定植后造成缺株断垄。病菌可通过维管束侵入果实，造成果实皱缩、畸形，由外部侵染果实引起"鸟眼状"斑点，影响番茄的产量和质量，为害十分严重。

【病原】密执安棒形杆菌（*Clavibacter michiganensis*），属细菌。

【症状】在温室条件下，最初的症状是叶片表现出可逆的萎蔫，在叶片的叶脉之间产生白色。以后是褐色的坏死斑点，最后表现出永久性萎蔫，致使整株干枯死亡。在田间，最初的症状主要是低位叶片小叶的边缘出现卷缩、下垂、凋萎，似缺水状。细菌未达到的部位，其枝叶生长正常。植株枯萎很慢，一般不表现出萎蔫。有些情况下，植株一侧或部分小叶出现萎蔫，而其余部分生长正常。随着病情发展，叶脉和叶柄上出现小白点，在茎和叶柄上出现褐色条斑，条斑下陷，向上、下扩展，并且爆裂，露出变成黄到红褐色的髓腔，出现溃疡症状。细菌通过维管束侵染果实，也可侵染胎座和果肉，幼嫩果实发病后皱缩、滞育、畸形。这种果实的种子很小、黑色、不成熟。正常大小的果实感病后外观正常，偶尔有少数种子变黑或有黑色小点，其发芽率仍然很高。

番茄溃疡病致下部叶片凋萎

番茄溃疡病致茎秆现褐色条斑

番茄溃疡病致茎部着生不定根

番茄溃疡病致茎髓部中空

番茄溃疡病致果实现"鸟眼状"斑点

【发生规律】病原菌存在于土壤里的病残组织中，可存活2～3年。病原菌随病残体在土壤中或在种子上越冬，成为翌年的初侵染源。病菌从各种伤口侵入，也可从植株茎部或花柄处侵入，经维管束进入果实的胚，侵染种子脐部或种皮，致种子内带菌。当病健果混合采收时，病菌会污染种子，造成种子带菌。此外，病菌也可从叶片毛状体及幼嫩果实表皮直接侵入。病菌的远距离传播主要是带菌种子、种苗及未加工果实的调运，近距离传播主要靠灌溉水，通过分苗移栽及整枝打杈等农事操作进行传播蔓延。多发生在温暖潮湿的条件下，病害发生的温度为13～28℃，温度22～26℃、相对湿度80%以上发病迅速。重茬或与辣椒等寄主作物连作，发病重。

【防控措施】

（1）农业防治。与非茄科作物实行三年以上轮作。避免带露水整枝打杈，及时消除病株并销毁。

（2）药剂浸种。将种子用40℃左右的温水浸泡3～4h，之后放入1%高锰酸钾溶液中浸泡10～15min，捞出冲洗干净，以防出现药害。

（3）药剂防治。发病前喷洒1∶1∶200波尔多液。植株未发病时，可用新植霉素、水合霉素、叶枯唑、噻菌铜、氯溴异氰尿酸、氢氧化铜、春雷·王铜等药剂交替喷雾预防。每7～10d喷1次，连施3～4次。中心发病区，可用上述药剂灌根。

7. 番茄茎基腐病

番茄茎基腐病主要为害番茄的茎基部和根部，番茄定植后即可发病。

【病原】 立枯丝核菌（*Rhizoctonia solani*），属子囊菌亚门真菌。

【症状】 发病初期，茎基部皮层外部无明显病变，而后茎基部皮层逐渐变为淡褐色至黑褐色，绕茎基部一圈，病部失水干缩。发病初期病株中午萎蔫，早晚能复原，病情严重时不能复原，全株枯死。后期病部表面常形成黑褐色大小不一的菌核，区别于早疫病。

【发生规律】 主要以菌丝体或菌核在土中或病残体中越冬，可存活2～3年。条件适宜时，菌核萌发，产生菌丝侵染幼苗。病菌随雨水、灌溉水、带菌农具、堆肥传播，反复侵染。温室内湿度大、植株茎基部皮层受伤条件下植株易发病。

番茄茎基腐病受害植株　　　　番茄茎基腐病受害茎基部

【防控措施】

（1）农业防治。基质、苗盘、种子消毒后集中育苗，施用微生物菌剂防病促生。严重地块与禾本科作物轮作3年以上。及时清理田间病残体，集中堆沤处理。

（2）生物防治。定植时选用木霉菌混合麦麸/稻壳，或选用枯草芽孢杆菌、多黏类芽孢杆菌、寡雄腐霉菌，撒施、穴施或滴灌。

（3）药剂防治。田间番茄植株出现零星症状时，可采用百菌清＋甲基硫菌灵混合喷淋，或用精甲·咯菌腈灌根，7～10d一次，连续防治2～3次。

8. 番茄枯萎病

【病原】 尖镰孢菌番茄专化型（*Fusarium oxysporum* f. sp. *lycopersici* Snyder et Hansen），属子囊菌亚门真菌。

【症状】 番茄枯萎病主要为害番茄根茎部。症状主要表现期为成株期。生长期根茎染病，初期植株叶片中午萎蔫下垂，早晚又恢复正常，叶色变淡，似缺水状，反复数天后，逐渐遍及整株叶片，叶片萎蔫下垂，不再复原，最后全株枯死。横剖病茎，病部维管束变褐色，另有症状表现为发病株一般在茎的中下部出现较多的不定气生根。田间湿度高时，在枯死株的茎基部常有粉红色霉层产生，即病菌的分生孢子梗和分生孢子。病程进展较慢，15～30d才枯死，无乳白色黏液流出。

【发生规律】病菌以菌丝体或厚垣孢子随病株残余组织遗留在田间越冬，可进行腐生生活，也能以菌丝体附着在种子上越冬，成为翌年初侵染源。在环境条件适宜时，病菌主要借雨水、灌溉水和昆虫等传播，从根部伤口、自然裂口或根冠侵入，也可从茎基部的裂口侵入。侵入后开始蔓延，通过木质部进入维管束，并向上传导，为害维管束周围组织，阻塞导管，干扰新陈代谢，导致植株萎蔫枯死，播种带菌种子，种子萌发后病菌即可侵入幼苗，成为再侵染源。地下害虫为害、线虫为害造成的伤口也可传播病害。

番茄枯萎病根茎部症状　　　　番茄枯萎病致维管束变褐

【防控措施】

（1）农业防治。发病田块与其他蔬菜进行3～4年轮作；高畦深沟栽培，避免漫灌及长时间高水位沟灌引致的土壤水气失调，导致根系活力降低；基肥应施用充分腐熟的有机肥料，撒施均匀，以免发生烧根，适当增施钾肥。

（2）药剂防治。初见病株时，可用多菌灵、苯菌灵、甲基硫菌灵、咯菌腈、乙蒜素、甲霜·噁霉灵等灌根或喷淋植株根部周围土壤，每隔10d左右灌1次，连续灌3～4次。

9. 番茄根腐病

【病原】寄生疫霉（*Phytophthora parasitica* Dast.），属卵菌。

【症状】番茄根腐病主要为害植株根部，该病发病初期，植株的主根及根茎部会产生褐色病斑，随着病情加重凹陷逐渐扩大，病情严重时，病斑绕近基部或根部一周，纵切根部或根茎部，维管束变成褐色并腐烂，最后导致植株枯死。

【发生规律】高温高湿或低温偏湿，有利于该病发生，大棚番茄定植后从前期植株生长过快，骤遇连续低温或地温过低、湿度过高且持续时间较长时，或连续阴雨天气，大棚内未能及时通风，造成棚室内温度过高，湿度过大，特别是大水漫灌后，通风不及时，易导致该病发生流行。

番茄根腐病致根部腐烂　　　　番茄根腐病致木质部呈褐色

【防控措施】

（1）农业防治。合理换茬轮作；田间发现病株要及时清理隔离病区，发现根腐病病株时，及时拔出，集中带出棚外销毁。

（2）药剂防治。药剂可选择噁霉灵、丙环唑、福美双、多菌灵、甲基硫菌灵等，每次用药时间应间隔10d左右。

10. 番茄早疫病

番茄早疫病又称轮纹病、夏疫病，以为害叶片为主，茎、果也可发病，是为害番茄的重要病害之一。

【病原】茄链格孢［*Alternaria solani* (Ell.et Mart.) Jones et Grout.］，属子囊菌亚门真菌。

【症状】幼苗期和成苗期均可发生，幼苗期在茎基部产生褐色环状病斑，表现立枯症状。成株期茎、叶和果实上都可发病。受害叶片最初出现水渍状暗绿色病斑，慢慢扩大成圆形或不规则形，上有同心轮纹，在潮湿条件下，病斑还会长出黑霉。发病大多从下部叶片开始，逐渐向上部叶片扩展，严重时下部叶片萎蔫枯死。叶柄、茎秆和果实发病，初为暗褐色椭圆形病斑，扩大后稍有凹陷，并出现黑霉和同心轮纹。青果病斑从花萼附近发生，发病重的果实开裂，病部较硬，一旦受害，提早脱落，即使不脱落，也不再膨大，且味苦不能食用。

番茄早疫病症状

【发生规律】主要以菌丝和分生孢子随植物病残体在土壤中越冬，种子表面也可带菌。病残体上的病菌可存活1年以上，附着在种子上的病菌可存活2年。播种带菌种子即可侵染幼苗，病菌首先侵染子叶，接着侵染胚轴，并扩展至落叶，病残体上分生孢子借气流、雨水、灌溉水及农事操作传播，传到植株下部茎、叶与果实上，条件适宜时2～3d即可出现病斑，再经3～4d病斑上又可产生大量分生孢子，传播为害。病原菌的生长最适温度为26～28℃，在高温高湿条件下发病重。保护地内相对湿度较高，日平均温度达到15～23℃时，只需14h病菌就可侵染，旺盛生长及果实迅速膨大期，气温持续5d在26℃左右，相对湿度大于70%超过49h即开始发生和流行。多数品种抗性差，同一品种幼苗期抗病力强，开花期前后和生长后期易感病，一般早熟品种比晚熟品种易发病。此外，连作番茄，密度过大、灌水过多、基肥不足、低洼积水、结果过多等造成环境高湿、植株生长衰弱，均有利于早疫病暴发流行。

【防控措施】

（1）种子处理。用52℃温水浸种30min，取出后在竹盘上摊开，然后催芽播种。或将种子用70%代森锰锌可湿性粉剂喷雾，然后放在55℃水中浸25～30min，沥干后催芽播种。

（2）农业防治。大田与非茄科作物轮作2年以上。

（3）药剂防治。定植缓苗或发病初期喷药，可选用药剂：75%百菌清可湿性粉剂、50%异菌脲可湿性粉剂、50%多菌灵可湿性粉剂、75%代森锰锌可湿性粉剂、64%杀毒矾可湿性粉剂。药剂交替轮换使用，连续防治2～3次。也可用百菌清粉尘剂或腐霉利烟剂在大棚或温室中，连续防治2～3次，间隔7d左右1次。

11. 番茄白粉病

番茄白粉病俗称白毛病、白面病，是一种世界性病害。

【病原】有性阶段是鞑靼内丝白粉菌 [*Leveillula taurica* (Lev.) Arn.] 和新番茄粉孢菌（*Oidium neolycopersici* Kiss），无性阶段是番茄粉孢（*Oidium lycopersici* Cooke et Mass），属子囊菌亚门真菌。

【症状】番茄白粉病主要为害叶片，叶柄、茎和果实有时也发病。发病初期叶片正面出现零星的放射状白色霉点，后扩大成白色粉斑，多是下部叶片先发病。发病初期霉层较稀疏，渐稠密后呈毡状，病斑扩大连片或覆满整个叶片，叶面像被撒上一薄层面粉，故称白粉病。严重时叶片正、背面病斑上着生白色粉状物，并伴有黑色小点。渐渐造成叶片萎黄，甚至植株枯死。叶柄、茎、果实等染病后，病部也出现白粉状霉斑。

番茄白粉病症状

【发生规律】病菌以闭囊壳随病株残余组织遗留在田间越冬，在环境条件适宜时，产生的分生孢子通过气流传播至寄主植物上，从寄主叶表皮气孔直接侵入，引起初次侵染，并在受害的部位产生新生代分生孢子，借气流飞散传播，进行多次再侵染，加重危害。连作地、地势低洼、排水不良的田块发病较重；种植过密、通风透光差、肥水不足引发早衰的田块发病重。

【防控措施】

（1）农业防治。与豆类、瓜类等蔬菜轮作3年以上，保持通风透光。应用膜下滴灌、膜下沟灌技术，避免大水漫灌。浇水宜在晴天上午进行，忌阴雨天、中午浇水。

（2）药剂防治。①番茄定植前用硫黄粉熏蒸消毒，每立方米用硫黄粉2.3g加锯末4.6g混合后分放数处，点燃后密闭温室熏一夜，温度保持20℃，灭菌效果较好。也可选用43%菌力克悬浮剂，或10%苯醚甲环唑水分散粒剂，或10%氟硅唑乳油均匀喷洒温室，进行灭菌。或用高温消毒方法，即在7—8月选择晴天密闭日光温室1周。②发病初期，选用50%嗪胺灵乳油、2%武夷菌素水剂、50%硫黄悬浮剂、30%氟菌唑可湿性粉剂、15%三唑酮可湿性粉剂、40%氟硅唑乳油或25%丙环唑乳油等，每隔7～10d喷1次，连续防治2～3次。使用三唑酮、氟硅唑、丙环唑等三唑类杀菌剂时，注意严格按照规定的浓度用药，不可用药过量，以防用药不当产生药害。

第二节　番茄主要害虫

1. 番茄潜叶蛾

番茄潜叶蛾 [*Tuta absoluta* (Meyrick)]，又名番茄麦蛾、番茄潜麦蛾、南美番茄潜叶蛾，属鳞翅目麦蛾科。主要为害茄科植物，尤其嗜食番茄，包括鲜食番茄和加工番茄，还可为害马铃薯、茄子、甜椒、人参果等茄科作物。

【为害特点】番茄潜叶蛾主要以幼虫进行为害，幼虫一经孵化便潜入寄主植物组织中，取食叶肉，并在叶片上形成细小的潜道，通常早期不易被发现，隐蔽性极强；当虫口密度比较高、幼虫龄期比较大时，还可蛀食顶梢、腋芽、嫩茎以及幼果。三至四龄幼虫潜食叶片时，潜道明显且不规则，并留下黑色粪便及窗纸样上表皮，影响植物光合作用，严重时叶片皱缩、干枯、脱落；潜蛀嫩茎时，多形成龟裂，影响植株整体发育，并引发幼茎坏死；蛀食幼果时，常使果实变小、畸形，形成的孔洞不仅影响产品外观，还会招致次生致病菌寄生，使实腐烂，造成商品率降低80%～100%；蛀食顶梢时，常使番茄生长点枯死，形成不育植株，进而造成丛枝或叶片簇生；此外，幼虫还喜欢在果萼与幼果连接处潜食，使幼果大量脱落，造成严重减产。

成虫主要将卵产在植株上部叶片的背面、正面或嫩茎上，少部分产在幼果和果萼上，散产或2～3粒聚产。在温度26～30℃、相对湿度60%～75%的条件下，卵经过5～7d孵化为幼虫，幼虫发育历期约为20d。幼虫老熟后吐丝下垂，主要在土壤中化蛹，入土深度1～2cm；亦可在潜道内、叶片表面皱褶处或果实中化蛹，且常常结一薄薄的丝茧。成虫多在黄昏活动。

番茄潜叶蛾致果实畸形

番茄潜叶蛾蛀食幼果形成孔洞

番茄潜叶蛾致叶片皱缩、干枯

番茄潜叶蛾致叶片上表皮窗纸样

【防控措施】

（1）农业防治。与非茄科植物轮作。选用清洁无虫苗。不从番茄潜叶蛾发生区购买和调运番茄苗；在育苗棚室或防虫网内集中育苗。清除茄科作物及杂草残株残体，消灭桥梁寄主；整枝打杈、疏花疏果的残枝落叶等随手装袋，集中销毁；拉秧落架前先喷药，再清除残株，并添加堆肥发酵菌剂就地覆膜堆闷。

（2）物理防治。育苗棚室以及生产棚室的入口处安装60目防虫网双层门帘，通风口安装防虫网，有效阻隔番茄潜叶蛾成虫进入棚内。成虫发生期，保护地每棚室设置1盏杀虫灯，光源高出地面

0.5 ～ 1.0m，集虫装置适量加含0.2%洗涤液的水。番茄苗定植前，在田间放置迷向丝或迷向管（每亩60根），或智能喷射型交配干扰释放器（每3 ～ 5亩1套），连片使用为宜，外密内疏放置，设置高度距离地面10 ～ 20cm。设置性诱捕器诱杀成虫，采用三角形或翅形黏胶式诱捕器，每亩放置8 ～ 10个，诱捕器底部距离地面10 ～ 20cm，也可采用蓝色粘虫板、蓝色或红色水盆式（或桶形）诱捕器，直接放在地面上。

（3）药剂防治。可选用氯虫苯甲酰胺、联苯·氟酰脲、虫螨·茚虫威、甲维盐·茚虫威喷雾。为害严重无法挽救的地块，夏季用碳酸氢铵熏棚：全棚均匀撒碳酸氢铵，覆盖宽地膜，将植株全部覆盖压严，或夏天高温闷棚：关闭防风口，高温闷棚，晴天连续7d以上，或冬季采用低温冻棚至少30d。

2. 棉铃虫

棉铃虫（*Helicoverpa armigera*），属鳞翅目夜蛾科。为世界性重大害虫，为多食性害虫，寄主植物200多种，主要有玉米、番茄、辣椒、向日葵、甘蓝、大白菜等。

【形态特征】

成虫：灰褐色或青灰色，体长15 ～ 20mm，翅展31 ～ 40mm，复眼球形。前翅外横线外有深灰色宽带，带上有7个小白点，肾纹、环纹为暗褐色。后翅灰白，沿外缘有黑褐色宽带，宽带中央有2个相连的白斑。后翅前缘有1个月牙形褐色斑。

卵：呈半球形，顶部微隆起，表面密布纵横纹。

幼虫：共有6龄，老熟幼虫体长40 ～ 50mm，头黄褐色，有不明显的斑纹，体色多变。气门上方有一褐色纵带，由尖锐微刺排列而成。幼虫腹部第一、二、五节各有2个毛突特别明显。

蛹：体长17 ～ 20mm，纺锤形，赤褐至黑褐色。

【为害特点】番茄棉铃虫又名钻心虫，幼虫以蛀食蕾、花、果为主，也为害嫩茎、叶和芽，食成孔洞。花蕾受害时，苞叶张开，变成黄绿色，2 ～ 3d后脱落。幼果常被吃空或引起腐烂而脱落，成果只被蛀食部分果肉，但因蛀孔在蒂部，便于雨水、病菌流入引起腐烂，果实大量被蛀会导致果实腐烂脱落，造成减产。

棉铃虫幼虫

棉铃虫为害状

【发生规律】以蛹在土壤中越冬。成虫交配和产卵多在夜间进行，卵产于植株嫩梢、嫩茎和叶上。每头雌虫可产卵100 ～ 200粒，卵期7 ～ 13d。初孵幼虫可啃食嫩叶尖和小蕾，二至三龄时吐丝下垂，食蕾、花、果。一头幼虫可为害3 ～ 5个果。成虫趋光性较强，趋化性较弱，对新枯萎的白杨、柳、臭椿趋集性强。棉铃虫发生适温25 ～ 28℃，适宜相对湿度为70% ～ 90%。

【防控措施】

（1）农业防治。秋季棉铃虫为害严重的玉米、番茄等农田，进行秋耕冬灌和破除田埂，破坏越冬场所，提高越冬死亡率，减少第一代发生量。适时打顶整枝，并将枝叶带出田外销毁，可将棉铃虫卵和幼虫消灭，压低棉铃虫在棉田的发生量。

（2）物理防治。利用棉铃虫成虫趋光性，在田间设置黑光灯诱杀成虫，降低虫口基数。

（3）药剂防治。在棉铃虫卵孵化盛期，用高效氯氰菊酯、灭幼脲、苏云金杆菌、氯虫苯甲酰胺、甲氨基阿维菌素苯甲酸盐等药剂喷雾防治，注意交替轮换用药，避免产生抗药性。

第十章　黄瓜主要病害

1. 黄瓜霜霉病

黄瓜霜霉病是日光温室黄瓜生产上最严重的流行性病害，发病后能在一两周内使黄瓜大部分叶片枯死，黄瓜田一片枯黄。黄瓜霜霉病又名露菌病，俗称跑马干、黑毛、瘟病等，主要为害叶片，也能为害茎和花序，苗期至成株期均可发病，特别是黄瓜进入收瓜期发病较重。

【病原】古巴假霜霉菌［*Pseudoperonospora cubensis* (Berk.et Curt.) Rostov.］，属卵菌。

【症状】黄瓜霜霉病主要为害叶片，也能为害茎和花序，苗期至成株期均可发病。苗期发病，子叶上起初出现褪绿斑，逐渐呈黄色不规则形斑，潮湿时子叶背面产生灰黑色霉层，随着病情发展，子叶很快变黄、枯干。成株期发病，叶片上初现浅绿色水渍状斑，扩大后受叶脉限制，呈多角形，黄绿色转淡褐色，后期病斑汇合成片，全叶干枯，由叶缘向上卷缩，潮湿时叶背面病斑上生出灰黑色霉层，严重时全株叶片枯死。抗病品种病斑少而小，叶背霉层也稀疏。茎和花序染病，形成不定形的褐色病斑，整个花序可以肿大和弯曲呈畸形，受害部位形成黑色霜霉层。

【发生规律】黄瓜霜霉病菌多数可通过日光温室在当地越冬。病菌可通过气流、雨露的飞溅以及田间操作传播。一般是先在潮湿多露的地方形成发病中心，逐步地扩展到全田。地势低洼、土壤质地差、肥料不足、栽培过密、通风不良或浇水次数过多，导致病害加重发生。种植密度大，通风不良，

黄瓜霜霉病发病初期、后期症状

影响光照作用，也是诱发霜霉病的主要原因。当棚内湿度大、温度在16℃以上时，便可出现发病中心。病害发生的早晚与气温的回升有直接关系。温湿度控制不当，通风不及时，造成棚内湿度过高，夜间温度低，湿度大，容易结露；叶片上长时间保持水滴，容易加重病害的发生与流行。

【防控措施】

（1）农业防治。选择抗病品种。选择地势较高、排水方便的地块种植。合理种植，及时摘除病叶、老叶，保持良好的通风、透光条件。

（2）药剂防治。发病初期，选择代森锰锌、百菌清、噁唑菌酮、氟菌·霜霉威等喷雾，每隔7～10d喷1次，连续喷2～3次。植株上、下部叶片正、反面全部用药。也可用45%百菌清烟剂熏蒸或5%霜脲氰·代森锰锌可湿性粉剂喷粉。

2. 黄瓜细菌性角斑病

【病原】丁香假单胞菌黄瓜角斑病致病变种 [*Pseudomonas syringae* pv.*lachrymans*（Smith & Bryan）Yong，Dye & Wilkie]，属细菌。

【症状】发病初期，在真叶上出现极小的茶色小点，小点逐步扩大，变为黄褐色，形成直径3mm左右的从叶脉包围的多角形病斑。病斑周围逐渐变黄，形成黄色晕环。然后，病斑逐渐变成白色，脆而易碎。一旦发生，叶片背面病斑变薄，对着太阳光照射时透光，湿度大时，叶背病斑出现白色菌脓，后期病斑易穿孔破裂。

黄瓜细菌性角斑病叶片背面症状（胡同乐提供）　　黄瓜细菌性角斑病叶片正面症状（胡同乐提供）

【发生规律】病原菌在种子内、外或随病残体在土壤中越冬，成为翌年初侵染源。病种子带菌率2%～3%，病菌由叶片或瓜条伤口、自然孔口侵入，进入胚乳组织或胚幼根的外皮层，造成种子内带菌。此外，采种时病瓜接触污染的种子致种子外带菌，且可在种子内存活1年，土壤中病残体上的病菌可存活3～4个月，生产上如播种带菌种子，出苗后子叶发病，病菌在细胞间繁殖，棚室保护地黄瓜病部溢出的菌脓，借棚顶大量水珠下落，或通过结露及叶缘吐水滴落、飞溅传播蔓延，进行多次重复侵染。发病温度范围10～30℃，适温24～28℃，适宜相对湿度70%以上。塑料棚低温高湿利于发病，病斑大小与湿度相关：夜间饱和湿度大于6h，叶片上病斑大且典型；湿度低于85%，或饱和湿度持续时间不足3h，病斑小；昼夜温差大，结露重且持续时间长，发病重。在田间浇水次日，叶背出现大量水渍状病斑或菌脓。

【防控措施】

（1）农业防治。选用优良的抗病品种。与非瓜类蔬菜实行轮作。清除病株和病残体并销毁，病穴撒入石灰消毒。深耕土地，注意放风排湿，采用高垄栽培，严格控制阴天带露水或潮湿条件下的整枝绑蔓等农事操作。

（2）药剂防治。发病前或者发病初期进行保护和治疗。可选择春雷霉素、噻森铜、中生菌素、喹菌酮、吗啉胍·乙铜、氯溴异氰尿酸、松脂酸铜、甲霜铜、络氨铜、氢氧化铜等。每5～7d喷1次，连续喷3～4次，轮换用药。

3. 黄瓜白粉病

【病原】瓜白粉菌（*Erysiphe cucurbitacearum* Zheng & Chen）和瓜单囊壳白粉菌［*Sphaerotheca cucurbitae* (Jacz.) Z. Y. Zhao］，均属子囊菌亚门真菌。

【症状】黄瓜白粉病主要为害叶片，也为害叶柄和茎，大多从老叶开始发生，一般不为害果实。发病初期，叶片正面、背面产生白色近圆形的小粉斑，逐渐扩大后成边缘不明显的连片白粉斑，严重时整个叶片布满一层白粉（菌丝体、分生孢子梗和分生孢子），后期变为灰白色，叶片枯黄、变脆、卷缩，失去光合作用能力。一般在黄瓜下部叶片上先发生，逐渐向植株上部扩展，叶片背面粉斑比正面多。叶柄和茎上症状与叶片相似，但白粉量少。有时病斑上出现散生或成堆的黄褐色小粒点，后变黑色（病菌的闭囊壳）。

黄瓜白粉病症状

【发生规律】黄瓜白粉病的发生与温度和湿度有关，温度在15～30℃容易发病。随着湿度的增加，病情流行快、发病重，特别是雨后转晴、田间湿度较大时，或高温干旱与高温高湿条件交替出现时会导致病害大流行。高温干旱下病菌会受到抑制，发病轻。此外，肥水不足、植株生长细弱、栽植过密，通风透光不良、排水不畅的地块易发病。

【防控措施】

（1）农业防治。选择抗病品种。多施充分腐熟有机肥，增强抗性。合理施肥，避免偏施氮肥，及时补充钾肥和钙肥，坚持花前补硼、花后补钙、先磷后钾、全程供氮的原则。秧苗进入旺盛生长期以后，适时落蔓、去除下部老叶，保持秧苗下部空间通风良好。

（2）药剂防治。定植前，用80%硫黄水分散粒剂或45%百菌清烟雾剂熏棚。发病初期及时喷药，可用硫黄、嘧菌酯、苯甲·吡唑酯、枯草芽孢杆菌进行预防，间隔7～10d喷1次。点片发生时喷洒丙环唑·戊唑醇、啶氧菌酯、乙嘧酚等药剂，严重的间隔5～7d再喷施1次。

4. 黄瓜疫病

黄瓜疫病俗称瘟病、死藤。在黄瓜整个生育期均可发生，能侵染黄瓜的叶、茎和果实，以蔓茎基部及嫩茎节部发病较多。

【病原】德氏疫霉（*Phytophthora drechsleri* Tucker），属卵菌。

【症状】幼苗发病多始于嫩尖，初呈水渍状暗绿色圆形斑，后期中央逐渐变成红褐色，幼苗青枯而死。成株期主要为害茎基部、嫩茎节部，生纺锤形、椭圆形暗绿色水渍状斑，后病部明显缢缩，潮湿时变暗褐色、腐烂，干燥时病斑边缘为暗绿色，中间为褐色，干枯易碎，受害部位以上蔓、叶枯萎，一条蔓茎上往往数处受害，叶片受害多在叶缘处形成圆形、不规则形的水渍状大斑，湿度大时全叶腐烂。果实受害，多发生在花蒂部，初现暗绿色圆形、近圆形的水渍状凹陷斑，可扩及全果，潮湿时病部表面长有白色霉状物，迅速腐烂，散发出腥臭气味。

【发生规律】黄瓜疫病为土传病害，病菌以子囊座、菌丝体、厚垣孢子和卵孢子随病残体在土壤中、土杂肥中越冬，主要借助流水、灌溉水及雨水溅射而传播，也可借助施肥传播，从伤口、自然孔

黄瓜疫病幼苗青枯（胡同乐提供）

黄瓜疫病蔓叶枯萎（胡同乐提供）

黄瓜疫病叶片症状（胡同乐提供）

黄瓜疫病病瓜（胡同乐提供）

口侵入致病。发病后病部产生孢子囊及游动孢子，借助气流及雨水溅射传播进行再侵染，病害得以迅速蔓延。发病适温为23～30℃，低于12℃、高于36℃均不适于发病，发病缓慢。病菌产孢一般要求85%以上湿度，萌发和侵入需有水滴存在。在高温高湿的条件下容易迅速流行。连续阴雨天发病重。土壤黏重、偏酸，多年重茬，田间病残体多，氮肥施用太多，生长过嫩，肥力不足，耕作粗放，杂草丛生的田块，植株抗性降低，发病重。地势低洼积水，排水不良，土壤潮湿，含水量大，易发病。温暖、多湿、长期连阴雨的春、夏季发病较重。

【防控措施】

（1）农业防治。选用耐病品种，用50℃温水浸种10min后，催芽播种。育苗移栽，苗床床底撒施一层药土，播种后用药土覆盖，移栽前喷施一次杀虫灭菌剂，这是防病的关键。与非本科作物轮作3～5年。及时防治害虫，减少植株伤口，减少病菌传播途径。发病时及时防治，并清除病叶、病株，带出田外销毁，病穴施药、生石灰。

（2）药剂防治。发现中心病株后及时全田喷药预防，可选用烯酰·吡唑酯喷雾。在黄瓜疫病发病前或发病初期选用唑醚·代森联、烯酰吗啉兑水喷雾，每隔5～7d施药1次，连续施用3次。

5. 黄瓜靶斑病

【病原】多主棒孢霉（*Corynespora cassiicola*），属子囊菌亚门真菌。

【症状】俗称小黄点病。主要为害叶片，发生在中上部叶片，病斑为圆形或椭圆形，有时叶背面的病斑会出现凹陷，正面突出起泡，类似泡泡病。发病叶片容易老化变脆。在发病初期，病斑为黄褐色小点，当病斑直径扩展以后，叶片正面病斑中部略凹陷，病斑近乎圆形或者稍不规则，外围颜色稍深，呈现黄褐色，中部颜色稍浅，表现为淡黄色，叶背病部稍隆起，似膏药状，呈现黄白色。一旦环境条件适宜，病斑就会迅速扩展，边缘呈现水渍状，失水后呈现青灰色。到了发病后期，病斑直径可以达到1cm，圆形或不规则形，对光观察，叶脉色深，网状更加明显，病斑中央有一明显的眼状靶心。

黄瓜靶斑病症状

【发生规律】黄瓜靶斑病借助种子带菌传播。病菌主要以分生孢子、菌丝体在病残体上越冬，也能以厚垣孢子或菌核在土壤中越冬。病原菌可以存活6个月之久，到了第二年，遇到合适条件进行初次侵染，病菌侵入后潜育期为6～7d。在植株发病后，会形成新的分生孢子进行再侵染，生长季节还会多次侵染，导致病害逐渐蔓延。病菌能够跟随气流、水滴飞溅传播，发病后蔓延速度较快。病原菌喜欢温暖高湿环境，温度20℃以上、相对湿度90%以上均可侵染为害。在温度适宜、湿度大、通风透气不良、昼夜温差大、结露时间长、偏施氮肥的温室栽培中，植株发病十分严重。

【防控措施】

（1）农业防治。与非瓜类作物实行3年以上的轮作，清除前茬作物病残体，减少初侵染源。种植抗病品种。适时中耕除草、浇水追肥，避免进行大水漫灌，注意通风排湿、增强光照，改善通风透气性。

（2）药剂防治。发病初期，可用肟菌酯·戊唑醇、异菌脲、吡唑醚菌酯、吡唑醚菌酯·代森联、代森锌·甲霜灵、苯甲·咪鲜胺、氟菌·肟菌酯等喷雾防治，间隔7d喷1次，连喷2～3次即可。注意轮换用药，延缓病菌抗药性产生。

6. 黄瓜灰霉病

【病原】灰葡萄孢（*Botrytis cinerea* Pers.ex Fr.），属子囊菌亚门真菌。

【症状】成株期发病，主要为害瓜条，也可为害花、叶片和茎。发病初瓜皮呈灰白色水渍状，变软、腐烂，出现大量的灰色霉层。如病花、病果贴近叶片和茎，则引起叶片和茎发病。叶片病斑呈V形，有轮纹，后期也生灰色霉层。茎主要在节上发病，病部密生灰色霉层，当病斑绕茎一圈后，茎蔓折断，其上部萎蔫，整株死亡。

【发生规律】病菌以分生孢子、菌丝体或菌核随病株残余组织遗留在田间越冬。在环境条

黄瓜灰霉病症状

件适宜时，分生孢子借气流、雨水反溅及农事操作等传播蔓延至寄主植物上，从伤口、薄壁组织侵入，残花是最适合的侵入部位，引起初次侵染，并在受害的部位产生新生代分生孢子，进行多次再侵染，加重为害。田块间连作地、地势低洼、排水不良的田块发病较重；栽培上种植过密、通风透光差、肥水施用过多、棚室通风换气不足、平均温度在15℃左右、长势衰落、抗病能力差的田块发病重。

【防控措施】

（1）农业防治。进行高畦覆膜栽培；生长期及时摘除病花、病瓜和病叶，装在塑料袋内带出田外深埋或销毁。避免大水漫灌，阴天不浇水，防止湿度过高。清除保护地薄膜表面尘土，增强光照，合理放风。

（2）生物防治。可喷洒生物农药寡雄腐霉、多抗霉素，每7～10d喷洒1次，连续喷2～3次。

（3）药剂防治。发病初期，可选腐霉利、咯菌腈、嘧霉胺等，每7～10d喷洒1次，连续喷2～3次。低温阴雨天气可用百菌清烟雾剂，或腐霉利烟雾剂熏蒸防治，隔6～7d再熏1次。也可用百菌清粉尘剂喷粉防治，7d喷1次。

7. 黄瓜炭疽病

【病原】黄瓜炭疽菌 [*Colletotrichum orbiculare* (Berk.et Mont.) von Arx]，为无性态真菌，异名 *Colletotrichum lagenarium* (Pass.)；有性态为围小丛壳 (*Glomerella cingulata*)，属子囊菌门真菌。

【症状】黄瓜炭疽病在黄瓜整个生育期均可发病，中后期发病较重。幼苗发病，发病初期，可在叶部形成淡黄色小斑，边缘灰褐色；茎蔓与叶柄染病，病斑椭圆形或长圆形，黄褐色，稍凹陷，严重时病斑连接，绕茎一周，植株枯死。进入成熟期后，主要为害叶片，从下部叶片开始逐渐向上蔓延，初期在叶片上形成近圆形病斑，大小不一，逐渐发展成黄褐色，边缘有黄色晕圈，严重时病斑连片，形成不规则的大病斑，病斑上常散生黑色小点，湿度大时出现粉红色黏液，湿度小时病斑易穿孔。瓜条染病，病斑近圆形，初为淡绿色，后成黄褐色，病斑稍凹陷，表面有粉红色黏液。

黄瓜炭疽病症状

【发生规律】病原菌在病残体和种子上越冬，借雨水和风传播蔓延，也可通过农事操作传播。田间发病适温为20～27℃，适宜相对湿度为87%～98%，相对湿度低于54%时，炭疽病不易发生。棚室通风不良、闷热、早晨叶片结露最易侵染；植株衰弱、田间积水过多、氮肥施用过多等都有利于该病发生。

【防控措施】

（1）农业防治。选用抗病品种；加强种子处理，选用无病种子；合理密植，及时通风，减少叶面结露和吐水；避免田间积水；增施磷、钾肥以提高植株抗病力。

（2）药剂防治。在发病初期可选用70%甲基硫菌灵可湿性粉剂、20%苯醚甲环唑水乳剂、25%咪鲜胺乳油、32.5%苯甲·嘧菌酯悬浮剂、75%肟菌·戊唑醇水分散粒剂，或25%嘧菌酯悬浮剂进行叶面喷雾，每7d喷1次，连续3次，轮换用药，避免产生抗药性。

第十一章　辣椒主要病害

1. 辣椒疫病

辣椒疫病俗称黑秆，苗期和成株期均可发生，以成株期发病为主。病菌可侵染根、茎、叶、果实。在日光温室内发生普遍，是日光温室辣椒生产上的毁灭性病害，发生严重时常造成绝收。

【病原】辣椒疫霉（*Phytophthora capsici* Leonian），属卵菌。

【症状】

苗期发病：茎基部呈暗绿色水渍状软腐或猝倒，即苗期猝倒病；有的茎基部呈黑褐色，幼苗枯萎而死。

成株期发病：主根染病，初呈淡褐色湿腐状斑块，后逐渐变为黑褐色，导致根及根茎部韧皮部腐烂，木质部变淡褐色，引起整株萎蔫死亡，可称为"根腐型"，常和辣椒根腐病混淆。茎和枝染病病斑初为水渍状，环茎、枝表皮扩展，后导致茎、枝"黑秆"，病部以上枝叶迅速凋萎。叶片染病出现污褐色边缘不明显的病斑，病叶很快湿腐脱落。果实染病多始于蒂部，初生暗绿色水渍状斑，病果迅速变褐软腐，湿度大时病果表面长出白色霉层，干燥后形成暗褐色僵果，残留在枝上。

【发生规律】辣椒疫霉的寄主范围广，除辣椒外，还可为害番茄、茄子和瓜类等作物。该菌生长最适温度为25～27℃，产生孢子囊的最适温度为26～28℃。田块间连作地、地势低洼、雨后积水、排水不良的田块发病较重；栽培上种植过密、通风透光差的田块发病重。多雨、潮湿的天气条件是病害流行的关键因素，特别是大雨后骤晴，气温急剧上升病害最易流行。田间25～30℃，相对湿度高

辣椒疫病致茎枝现"黑秆"

辣椒疫病致植株萎蔫

辣椒疫病致木质部变淡褐色　　　　　辣椒疫病致根茎韧皮部腐烂　　　　　辣椒疫病致植株死亡

于85%时病害易流行。土壤湿度在95%以上时，持续4～6h，病菌即可完成侵染，2～3d就可完成1个世代，该病发病周期短，流行速度迅猛，成为辣椒上的一种毁灭性病害。

【防控措施】

（1）农业防治。选用抗（耐）病品种，实行轮作，深耕晒地，发现病果及时彻底摘除并深埋。加强温度、湿度和防风管理，避免出现高温、高湿环境。发现病果及时彻底摘除并深埋。

（2）化学防治。苗床土壤消毒，用69%烯酰·锰锌可湿性粉剂8g/m²与细土拌成毒土，取1/3毒土撒施于苗床内，播种后用余下的2/3毒土覆盖。发病初期及时用药剂防治，药剂可用精甲霜·锰锌、甲霜·霜脲氰、氟啶·嘧菌酯或精甲·百菌清等喷洒。预防可用百菌清、代森锰锌、波尔多液、喹啉铜等。

2. 辣椒炭疽病

辣椒炭疽病俗称轮纹病、轮斑病，是日光温室栽培辣椒常见的病害之一，可引起辣椒落叶、烂果，以成熟期果实受害较重。在高温高湿条件下，流行蔓延快，为害时间长，为害重，损失大，已成为辣椒生产中的主要障碍和限制高产的主要因素。

【病原】辣椒炭疽菌 [*Colletotrichum capsici* (Syd.) Bulter et Bisby.]，属于无性态真菌；有性态为围小丛壳 [*Glomerella cingulata* (Stonem) Spauld et Schrenk]，属于真菌界子囊菌门。

【症状】辣椒炭疽病主要为害接近成熟的果实和叶片。果实染病后，最先出现湿润状、褐色的椭圆形或不规则形病斑，患病部分会稍显凹陷，斑面出现明显环纹状的橙红色小粒点，后转变为黑色小点，此为病菌的分生孢子盘。天气潮湿时溢出淡粉红色的粒状黏稠物，此为病菌的分生孢子团。天气干燥时，病部干缩变薄成纸状且易破裂。叶片染病后，受害初期病斑为点状淡绿色，后扩大为褐色接近圆形，周围呈黄绿色，病斑直径约1mm。后期病斑中间常破裂，病叶早落。在雨后或湿润时，病斑上常产生粉红色的分生孢子堆或黑色小点。

【发生规律】病菌以拟菌核随病株残余组织遗留在田间越冬，也能以分生孢子和菌丝体附着在种子上越冬。田间病株残余组织内的拟菌核，在环境条件适宜时产生的分生孢子，通过雨水反溅或气流传播至寄主植物上，从寄主伤口侵入，引起初次侵染。侵入后经潜育出现病斑，并在受害部位产生新生代分生孢子，借风雨或昆虫等媒介传播，进行多次再侵染，加重为害。高温高湿条件下发病重。地势低洼、排水不良的田块发病重；栽培上种植过密、通风不良、施肥不当或偏施氮肥的田块发病重。

辣椒炭疽病病叶（胡同乐提供）　　　　　　　辣椒炭疽病病果（胡同乐提供）

【防控措施】

（1）农业防治。避免与瓜类蔬菜连作。选择地势高燥，排灌方便，通风良好的地块种植。发病严重地块与茄科、豆科实行 2 ~ 3 年轮作。

（2）药剂防治。每 5kg 种子用 10% 咯菌腈悬浮种衣剂 10mL，先用 0.1kg 水稀释药液，再拌匀种子，进行种子包衣。发病初期用氟啶·嘧菌酯、咪鲜胺锰盐、咪鲜胺、苯醚甲环唑等喷雾防治，每隔 7 ~ 10d 喷 1 次，连喷 2 ~ 3 次。

3. 辣椒灰霉病

【病原】 灰葡萄孢（*Botrytis cinerea* Pers.），属子囊菌亚门真菌。

【症状】 可侵染辣椒幼苗及成株。苗期灰霉病主要为害叶片、茎和顶芽，发病初期子叶先端发黄，病菌扩展到幼茎后，幼茎缩小变细，植株自病部折倒而死。成株期灰霉病主要为害叶、花和果实，叶片受害多从叶尖开始发病，初呈淡黄褐色病斑，病斑逐渐向上扩展成 V 形；茎部发病产生水渍状病斑，病部以上植株枯死；花器染病，花瓣呈褐色水渍状，上密生灰色霉层；果实染病，幼果果蒂周围产生水渍状褐色病斑，病斑逐渐扩大后呈暗褐色，凹陷腐烂，表面产生不规则轮状灰色霉层。

辣椒灰霉病症状

【发生规律】 病菌以菌核在土壤中，或以菌丝、分生孢子在病残体上越冬。通过空气、雨水或农事操作传播。田间发病后通过潮湿的病部产生大量分生孢子引起再次侵染。持续低温高湿是造成灰霉病发生和蔓延的主要原因。另外，植株密度过大，光照不足，排水不良，偏适氮肥，重茬严重的地块，发病严重。

【防控措施】

（1）农业防治。实行轮作；晴天上午浇水，并控制水量不要过大，注意合理通风降温；及时清除病果，并进行深埋处理。

（2）药剂处理。可用腐霉利、百菌清、噻菌灵或百菌清＋噻菌灵等烟剂熏蒸。定植前用硫菌·霉威、百菌清或腐霉利粉尘剂喷粉，7～10d防治1次。发病初期，可选用嘧霉胺、噁唑菌酮·锰锌、氢铜·福美锌、嘧菌酯、嘧霉·百菌清、腐霉·百菌清等喷雾防治，7～10d喷1次，共2～3次。

4. 辣椒霜霉病

【病原】辣椒霜霉（*Peronospora capsici* Tao et Li），属卵菌。

【症状】辣椒霜霉病主要为害辣椒叶片，也可为害辣椒的叶柄及嫩茎。叶片感染病菌后，最初在叶正面出现浅绿色或黄色病斑，形状不规则，无白霉。为害严重时，叶片背面有一层稀疏的白色薄霉层，有白霜，病斑因受叶脉限制呈多角形，病叶变脆变厚，并向上卷。感病后期叶片易脱落，从而危及植株生长，造成辣椒减产。叶柄、嫩茎处染病后，病部呈褐色水渍状，会出现白色稀疏霉层。

辣椒霜霉病叶片上生白霜　　　　辣椒霜霉病病叶上卷，有病斑

【发生规律】辣椒霜霉病发生、流行与气候条件关系密切，主要取决于温度和湿度条件。病原菌最适繁殖侵染温度为20～24℃，空气相对湿度在85%以上。如遇到阴雨天气，或昼夜温差大，浇水过多，雨后排水不及时，通风排湿不良，发病较严重。另外，土壤肥力低，植株生长发育不良，容易出现早衰，其抗病力下降，常常会使病势加重。

【防控措施】

（1）农业防治。与非寄主蔬菜或其他作物轮作3年以上，及时清理田间病残体，以减少病源。

（2）药剂防治。用35%甲霜灵可湿性粉剂按种子重量的0.3%进行拌种，植株发病初期药剂可选择霜脲·锰锌、丁子香酚、烯酰吗啉、甲霜·锰锌等喷雾，隔5～7d喷1次，连续喷雾1～2次。可施用百扑烟剂（百菌清和扑海因）、百菌清烟剂进行熏蒸，熏4～6h，7d左右熏1次，连续2～3次。也可在棚室内选用百菌清粉尘剂喷粉。

5. 辣椒病毒病

【病原】未作鉴定。

【症状】辣椒病毒病症状主要有花叶、畸形、黄化和坏死等几种类型。

花叶型：花叶型症状在辣椒苗期可见，病叶出现浓绿相间的花叶斑，叶脉皱缩畸形，叶面凹凸，叶片常常上卷，严重时呈桶状。果实变小，无法形成正常果实。

黄化型：叶片变黄，严重时整个叶片均变成黄色，无法进行光合作用，植株矮化，无法正常生长。

坏死型：病株生长点出现褪绿斑点，数日后沿叶脉出现坏死，植株变褐色或黑褐色并出现坏死斑，叶片后期脱落。有时以上症状在同一株上表现，并出现落叶、落花、落果。

畸形型：病毒病发生初期，叶脉褪绿，叶片皱缩上卷，后期叶片增厚，但叶片有时出现线状条斑；后期植株上部节间缩短，呈丛簇状，重病果果面有绿色不均匀的花斑和疣状突起。

【发生规律】辣椒病毒病传播方式主要分为：虫传、种传和接触传播。虫传昆虫主要有蚜虫、蓟马和粉虱等刺吸式口器昆虫，少数病毒通过种子传播，有些病毒可通过机械摩擦、人为接触传播。高温、干旱、日照强度过强的气候条件下，辣椒植株抗病毒

辣椒病毒病叶片、果实黄化　　　　　　辣椒病毒病叶片畸形

能力下降，易导致病毒病发生。气温不稳定，忽高忽低，并有适量降雨，发病重。定植偏迟，或植株长势弱，高温强光季节来临时不能封垄的田块发病重。蚜虫、白粉虱等传毒昆虫和灰飞虱、叶蝉等刺吸式传毒昆虫种群数量高的区域，病毒病发生重于其他区域。

【防控措施】

（1）农业防治。选用抗病品种，与非茄科蔬菜实行2年轮作，施足基肥，勤浇水，采收期注意采取保肥保水等措施。

（2）物理防治。安插黄板、蓝板诱杀蚜虫、粉虱、蓟马等害虫。

（3）药剂防治。发病后可选用吗呱·乙酸铜、烷醇·硫酸铜或铜氨合剂＋硫酸锌喷雾防治，隔7～10d喷1次，连喷2～3次。也可使用植物增抗剂如香菇多糖、氨基寡糖素、低聚糖素等，增强植株抵抗能力。

6. 辣椒脐腐病

辣椒脐腐病为生理性病害。

【症状】一般发生在辣椒果实膨大期，受害的辣椒果实表皮发黑，逐渐成水渍状病斑，病斑中部呈革质化，扁平状，逐渐转化成暗褐色下陷，失水后收缩成皮囊状。有的果实在病健交界处开始变红，提前成熟。发生严重时病斑因湿度大被杂菌侵染，生有深褐色霉状物，果肉腐烂。果实顶部（脐部）呈水渍状，病部暗绿色或深灰色，随病情发展很快变为暗褐色，果肉失水，顶部凹陷，一般不腐烂，空气潮湿时病果常被某些真菌腐生。

【发生规律】一种观点认为辣椒脐腐病的根本原因是缺钙。土壤盐基含量低，酸化，尤其是沙性较大的土壤供钙不足。在盐渍化土壤中，虽然土壤含钙量较多，但因土壤可溶性盐类浓度高，根系对钙的吸收受阻，也会导致缺钙。施用铵态氮肥或钾肥过多也会妨碍植株对钙的吸收。在土壤干旱，空气干燥，连续高温时易出现大量的脐腐果。重茬地、排水不良、种植过密、蛀食性害虫为害严重时发病重。另一种观点认为，发病的主要原因是水分供应失调。干旱条件下供水

辣椒脐腐病症状

不足，或忽旱忽湿，使辣椒根系吸水受阻，由于蒸腾量大，果实中原有的水分被叶片夺走，导致果实大量失水果肉坏死。

【防控措施】

（1）平衡施肥。多施有机肥，使用多品种肥料，反对单一施肥。生长期间追肥以复合肥和有机肥为主。

（2）勤锄地中耕，改善土壤理化性质。辣椒苗成活后，进行勤锄地，疏松土壤，降低土壤湿度，增加土壤氧含量，促进微生物繁殖扩大种群，活化土壤，促根系最大限度地扩大，增加吸收能力。

（3）采用根外追施钙肥。从开花起可喷洒过磷酸钙、氯化钙、硝酸钙及复硝酚钠。从初花期开始，隔 10 ～ 15d 喷 1 次，连续喷洒 2 ～ 3 次。

7. 辣椒疮痂病

【病原】野油菜黄单胞菌疮痂致病变种 [*Xanthomonas campestris* pv. *vesicatoria* (Doidge.) Dowson.]，属细菌。

【症状】辣椒疮痂病在苗期和成株期均可发生，主要为害叶片、茎蔓、果实，果柄处也可受害。幼苗发病，其子叶先出现银白色小斑点，后逐渐变为淡黑色凹陷病斑；成株期叶片受害，初呈水渍状黄绿色斑点，后病斑扩大变成圆形或不规则形，边缘暗褐色、稍隆起，中部颜色淡、凹陷，表面粗糙，像疮痂。病斑发生在叶脉上，常使叶片畸形，在茎及叶柄上，初呈水渍状不规则条斑，后木栓化隆起，纵裂呈疮痂状。果实受害，初生黑色或暗褐色隆起的小斑点，或有水渍状

辣椒疮痂病病叶　　　　　辣椒疮痂病病果

边缘的斑疹，逐渐扩大为 1 ～ 3mm 的稍隆起圆形或长圆形的黑色疮痂状病斑，病斑边缘有裂口，并有水渍环状物，潮湿时疮痂中间有菌脓溢出。

【发生规律】辣椒疮痂病是种传性病害，种子带菌率很高。病原菌附着在种子表面越冬，成为来年发病的初侵染源。同时，病菌可借带菌种子作远距离传播，也可随病残株留在土壤里越冬，靠雨水、昆虫、农事作业等传到茎、叶、果实上，从气孔或伤口处侵入。植株发病后，病部溢出菌脓，重复传播感染。高温高湿是诱发辣椒疮痂病的主要条件。栽培管理不善，如种植过密、杂草丛生、植株生长过旺，未及时整枝、受损等，都是导致病害发生的重要原因。

【防控措施】

（1）农业防治。发病地块与非茄科作物进行间隔 3 年的轮作换茬，并注意配合深耕减少病株残存。结合耕地，每亩撒施 100kg 石灰粉后再耕翻，可加快病菌死亡。采用地膜覆盖的膜下滴灌，避免大水漫灌，并合理通风换气，防止温、湿度过高；同时及时清除病残体，减少侵染菌源。

（2）种子处理。播前用 55℃ 温水浸种 10min 后立即用冷水冷却，再催芽播种。

（3）化学防治。发病初期喷药，选用 75% 百菌清可湿性粉剂，或 40% 三乙膦酸铝可湿性粉剂，或 20% 叶枯唑可湿性粉剂，或 77% 氢氧化铜可湿性粉剂，或 47% 春雷·王铜可湿性粉剂，或 20% 噻菌铜悬浮剂，或 14% 络氨铜水剂，或 70% 五氯硝基苯粉剂，或 72% 新植霉素粉剂喷雾防治，5 ～ 7d

喷雾一次，连喷2～3次。

8. 辣椒细菌性叶斑病

辣椒细菌性叶斑病常引起大量落叶，对产量影响较大，但一般不会引起植株死亡。

【病原】丁香假单胞菌适合致病型（*Pseudomonas syringae* pv.*aptata*），属细菌。

【症状】辣椒细菌性叶斑病主要发生在叶片上，叶上初生黄绿色小斑点，水渍状，后红褐色至深褐色；病健部交界线明显，不隆起，区别于辣椒疮痂病。

【发生规律】病菌在种子及病残体上越冬，田间靠雨水、灌溉水传播，从伤口侵入。高温、高湿发病重。地势地洼，管理不善，肥料缺乏，植株衰弱或偏施氮肥等地块发病严重。遇高温和叶面长时间有水膜时发病重。

辣椒细菌性叶斑病症状

【防控措施】

（1）农业防治。发病地块与非茄科作物进行间隔3年的轮作换茬，并注意配合深耕减少病株体的残存。结合耕地，每亩撒施100kg石灰粉后再耕翻，可加快病菌死亡。采用地膜覆盖的膜下滴灌，避免大水漫灌，并合理通风换气，防止温、湿度过高；同时及时清除病残体，减少侵染菌源。

（2）药剂防治。发病初期喷药，选用20%叶枯唑可湿性粉剂，或77%氢氧化铜可湿性粉剂，或47%春雷·王铜可湿性粉剂，或77%氢氧化铜可湿性粉剂，或20%噻菌铜悬浮剂，或14%络氨铜水剂，或70%五氯硝基苯粉剂，或72%新植霉素粉剂喷雾防治，5～7d喷雾一次，连喷2～3次。

第十二章　草莓主要病害

1. 草莓红中柱根腐病

草莓红中柱根腐病俗称红心病，是草莓根部常见的一种病害，防治困难，为害严重，被称为草莓的"癌症"，一旦发生，轻则减产，重则绝收。

【病原】草莓疫霉（*Phytophthora fragariae*）和镰刀菌（*Fusarium*）单种或复合侵染引起。

【症状】草莓染病后，茎蔓变为茶褐色；下部功能叶变成红色或者黄色，植株呈现早衰现象，新生叶片有的具蓝绿色金属光泽；匍匐茎减少，病株迅速枯萎死亡。发病初期，草莓的不定根中间部位表皮坏死，形成黑褐色或红褐色梭形病斑，随着病情加重木质部出现坏死；后期老根呈"老鼠尾巴"

草莓红中柱根腐病植株受害状

草莓红中柱根腐病根部受害状

草莓红中柱根腐病根部解剖状

草莓红中柱根腐病根部受害状

103

状——后粗前细，切开病根或剥下根外表皮可看到中柱维管束呈褐红色、暗红色或褐红色。

【发生规律】土壤温度低、湿度大时易发病，地温6～10℃是发病适温，病菌在土壤中或附着在病残体上越夏，秋季草莓定植后，一旦遭遇到低温高湿的天气，土壤中的卵孢子开始繁殖，产生大量的孢子囊，游动的孢子从根尖或伤口处侵入草莓根部后，菌丝沿着草莓中柱向上生长，造成内部输送养分和水分困难，最后茎基部中心部位坏死变成红褐色，后期腐烂坏死。地温高于25℃则不发病。

【防控措施】

（1）农业防治。选用抗病品种，实行轮作，利用高畦栽培，覆盖地膜，提高地温，减少病害。草莓采收后，将地里的草莓植株全部清理干净，施入有机肥，深翻土壤灌足水后，地面用透明塑料薄膜覆盖20～30d，利用夏季高温杀灭病菌。

（2）药剂防治。浇灌病株穴周进行消毒，结合其他病害的防治对田间植株全面喷洒，预防病害的发生蔓延。药剂可用嘧菌酯、精甲霜灵、乙蒜素、吡唑醚菌酯等。

2. 草莓炭疽病

设施内高温高湿环境导致草莓炭疽病发生日益严重，常造成减产25%～30%，严重影响草莓的产量和品质。该病在各草莓种植区均有发生，主要发生在草莓的叶片、叶柄、匍匐茎、根茎、花和果实上。

【病原】草莓炭疽病病菌分为3种，分别为胶孢炭疽菌（*Colletotrichum gloeosporioides* Penz.）、尖孢炭疽菌（*Colletotrichum acutatum* Simmonds）、草莓炭疽菌（*Colletotrichum fragariae* Brooks.），均属子囊菌亚门真菌。

【症状】草莓炭疽病主要发生在草莓的叶片、叶柄、匍匐茎、根茎、花和果实上。苗圃中正在展开的新叶为草莓炭疽病的初侵染源。病原菌在病斑上产生孢子，侵染定植后幼苗新长出的第1～3片

草莓炭疽病茎、叶片和果实症状

叶。发生在匍匐茎和叶柄上的病斑起初很小，有红色条纹，之后迅速扩展为深色、凹陷和硬的病斑。环境潮湿时，病斑中央清晰可见粉红色的孢子团。根茎病斑通常在近叶柄基部的一侧开始产生，然后以水平的 V 形扩展到根茎，病株在水分胁迫期间午后表现萎蔫，傍晚恢复，反复 2 ~ 3d 后死亡。大多数草莓品种的花对草莓炭疽病菌非常敏感，被侵染的花朵迅速产生黑色病斑，病斑延伸至花梗下面近花萼处。开花期间环境温暖潮湿，整个花序都可能死亡，植株呈枯萎状。即将成熟的果实对草莓炭疽病菌也非常敏感，尤其是上一年采用塑料薄膜覆盖栽种的高垄草莓，草莓炭疽病发生尤其严重，先在果实上形成淡褐色、水渍状斑点，随后迅速发展为硬的圆形病斑，并变成暗褐色至黑色，有些为棕褐色。

【发生规律】草莓炭疽病菌主要随病苗在发病组织内越冬，也可以菌丝和拟菌核随病残体在土壤中越冬。第 2 年菌丝体和拟菌核发育形成分生孢子盘，产生分生孢子。分生孢子靠地面流水或雨水冲溅传播，侵染近地面幼嫩组织，完成初侵染。在病组织中潜伏的菌丝体，第 2 年直接侵染草莓引起发病，病部产生的分生孢子可进行多次再侵染，导致病害扩大和流行。

【防控措施】

（1）草莓育苗期应筑高苗床，便于排水、降低田间湿度；合理轮作密植，采用膜下滴灌，加强通风透光，降低草莓株间湿度；施足优质基肥，促进草莓健康生长，增强植株抗病能力。

（2）选用抗病品种，培育无病种苗。

（3）药剂防治。喷药预防：匍匐茎开始伸长时，对苗床进行喷药保护。可喷施代森锰锌、炭疽福美（福美双·福美锌）、碱式硫酸铜等药剂，定植前 1 周左右，向苗床再喷药 1 次。发病初期，可选用苯醚甲环唑、嘧菌酯、咪鲜胺、戊唑醇、苯甲·嘧菌酯、嘧酯·噻唑锌、噻菌灵、氟硅唑、咪鲜胺锰盐、嘧啶核苷类抗菌素等喷雾防治，间隔 5 ~ 7d 喷 1 次，连续喷 3 ~ 4 次，注意交替轮换用药，延缓抗药性的产生。

3. 草莓白粉病

草莓白粉病是草莓生产中的主要病害之一，主要为害草莓叶片和果实，严重时会侵染叶柄、花萼等其他部位，一旦出现，会在整个生长期内不断发生，甚至导致植株死苗。草莓白粉病为害时间长，为害严重，病菌易产生抗药性，防治难度较大，一旦暴发，很难根治。

【病原】羽衣草单囊壳菌 [*Sphaerotheca aphanis* (Wall.) Braun]，属子囊菌亚门真菌。

【症状】发病初期会在叶片背面长出白色菌丝层，随着病症的加重，叶片向上卷曲，并产生暗色污斑，后期呈红褐色病斑；花蕾、花染病，花瓣呈粉红色，花蕾不能开放；果实染病，幼果不能正常膨大，干枯，若后期受害，果面覆有一层白粉，随着病情加重，果实失去光泽并硬化，着色变差，严

草莓白粉病病果　　　　　　　　　　　　草莓白粉病病叶

重影响浆果质量，并失去商品价值。

【发生规律】白粉病是一种低温、高湿型病害。当棚内温度在15～25℃、相对湿度在40%～80%时，发病蔓延速度较快。深秋至早春（11月至翌年2月）遇到连续阴、雨、雾、雪等少日照天气，十分有利于该病的发生和蔓延，可反复侵染，易暴发成灾。大棚连作，栽植密度大，管理粗放，通风透光条件差，植株长势弱，偏施氮肥，草莓旺长，容易造成草莓白粉病发生，尤其是种植易感品种，草莓白粉病常严重发生。

【防控措施】

（1）农业防治。选用抗病性强的品种进行栽植。实行高垄栽培，加盖地膜，采用滴灌设施，避免大水漫灌，合理密植，及时摘除残枝病叶，销毁或深埋；加强通风透光，尽可能提高光照水平和通风透光条件；平衡施肥，不要过量施用氮肥；果农之间尽量不要互相"串棚"，避免人为传播。

（2）药剂防治。棚室栽培前可采用硫黄熏烟消毒；当遭遇连阴雨、雾霾和雨雪等少日照天气时，每亩可用10%百菌清烟剂700～800g，在棚内均匀布点，于傍晚密闭大棚后点燃，第二天通风换气，可有效降低病害的发生。发病初期，可选择以下药剂进行防治：50%醚菌酯水分散粒剂3 000倍液，或每亩用300g/L醚菌酯·啶酰菌胺悬浮剂30～50mL兑水喷雾，或用4%四氟醚唑水剂70～100mL兑水喷雾，或30%氟菌唑可湿性粉剂2 000倍液，或40%氟硅唑乳油8 000倍液喷雾，也可选用乙嘧酚或乙嘧酚磺酸酯等。一般隔5～6d喷1次，连续喷2～3次。

4. 草莓灰霉病

草莓灰霉病是一种低温高湿型病害，特别是当低温寡照天气增多，防治不到位时易感染和暴发，一旦发生往往造成极大的经济损失。

【病原】灰葡萄孢（*Botrytis cinerea* Pers.），属子囊菌亚门真菌。

【症状】

花器受害：花萼上呈现针眼大小的水渍状小斑点，随后扩展成近圆形或不规则形的较大病斑，进一步延伸到子房及幼果，在幼果上形成水渍状病斑，潮湿时迅速软腐，使幼果湿软腐烂，产生灰褐色霉层。

果实受害：果实染病多从残留的花瓣或靠近地面的部位开始，多发生在青果上，开始时，在果实顶部出现水渍状病斑，随着病情发展，逐步变为灰褐色病斑；当湿度比较大时，果实呈湿软腐烂，病部有灰色霉层；若空气干燥，则发病果实呈干腐状，果实易脱落。成熟果实染病多从果实基部靠近萼片处开始。

叶和叶柄受害：初期多从基部老叶、黄叶边缘侵染，产生水渍状病斑，后向外扩展成圆形、半圆形、近圆形或不规则形灰褐色大病斑，最后蔓延到全叶。湿度大时，病部常产生灰褐色霉状物，发病严重时，病叶枯死，易引起早期落叶。叶柄发病，呈浅褐色坏死、干缩，产生稀疏灰霉。

草莓灰霉病症状

果柄受害：初期，果柄出现灰褐色病斑，湿度大时，发病部位产生一层灰色霉层。

【发生规律】病原菌主要以分生孢子、菌丝体或菌核在病残体和土壤中越冬。分生孢子可以在感病的植物组织中存活4～6个月，菌核的生存时间更长。分生孢子借助气流、棚室内的水气、露水及衰败的花叶等进行传播。分生孢子萌发的最适温度为13～25℃，萌发对湿度要求很高，相对湿度低于85%不萌发。连续阴天或降雨的天气，灰霉病容易暴发。大棚连作田块病残体多、偏施氮肥、过度密植、植株基部老叶多、田间积水、棚室内通气不良等，偏重发生。

【防控措施】

（1）农业防治。选择优质、丰产、抗病性较强的品种；合理施用氮、磷、钾肥，适度施用氮肥，多施有机肥，适当增施磷、钾肥；与葱、韭菜、蒜、十字花科、菊科等非灰霉病寄主植物轮作，减少连作障碍；实行高畦栽培，保证棚内通风透光，降低湿度。覆盖地膜增加地温，减少棚内相对湿度，避免果实与土壤直接接触，降低病原菌侵染的概率。

（2）生物防治。发病初期选用多抗霉素、木霉素、枯草芽孢杆菌等生物制剂喷雾防治。

（3）药剂防治。定植前撒施多菌灵后耙入土中，发病初期可选用唑醚·氟酰胺、嘧菌环胺、啶酰菌胺、嘧霉胺等喷雾防治，也可用百菌清、腐霉利、噻菌灵烟剂熏烟灭菌，5～7d熏1次，连熏2～3次。

第十三章　白菜主要病害

1. 白菜软腐病

【病原】胡萝卜软腐欧文氏菌胡萝卜软腐亚种 [*Erwinia carotovora* subsp. *carotovora* （Jones） Bergey et al.]，属细菌。

【症状】最初发病于接触地面的叶柄和根尖部，叶柄发病部位呈水渍状，外叶失去水分而萎蔫，最后整个植株枯死。生长后期发病时，首先出现水渍状小斑点，叶片半透明，呈油纸状，最后整株软化、腐烂，散发出特殊的恶臭。黄条跳甲、甘蔗黑蟋蟀等虫害严重时，病菌从伤口处大量侵入，导致病害加重，有时在运输途中发生软化腐烂现象。一种症状为白菜外部或顶部叶片发生焦黄、腐烂、变薄等现象，外部叶片脱落，结球小，还有一种症状是基部开始，逐渐侵入到菜心。菜心出现水渍状病区，并伴有黏稠的黄色液体，但结球的外部无太多异常。

白菜软腐病症状

【发生规律】造成白菜软腐病的细菌可能存在于土壤中，尤其是重茬地块极易发生此病。种子自身携带这种致病菌，适当的条件下也可造成白菜感病。病原菌在20℃、高湿度下，主要以寄主植物根际土壤为中心形成菌落长期生存。降雨时借助土粒飞溅，从白菜下部叶片、叶柄部位的伤口和害虫食痕侵入。大风天气，可以将带菌尘土吹向菜地，降雨过后，有些植株上部开始发病。病原菌通常借地表流水而传播。其发育适温为32 ~ 33℃，如遇寄生植物，即迅速繁殖。即使消毒土壤，病菌密度也可立即恢复如初。

【防控措施】

（1）农业防治。白菜种植地块尽量避开前茬为十字花科作物的地块，可与禾本科、豆科作物轮作，适当晒田。

（2）药剂防治。软腐病发病初期及时防治，可选用枯草芽孢杆菌、春雷霉素、噻菌铜、春雷·王铜、氢氧化铜等进行喷施。每隔7～10d喷施1次，连续喷施2～3次。

2. 白菜霜霉病

白菜霜霉病是十字花科蔬菜常见病害之一，子叶发病时叶片背面生长白色霉层，高湿条件时，病部出现近圆形枯斑，严重时茎及叶柄上也产生白霉，苗、叶枯死。

【病原】寄生霜霉［*Peronospora parasitica*（Pers.）Fries］，属卵菌。

【症状】白菜霜霉病一般先从下部叶片开始发病，发病初期产生淡绿色水渍状小点，病斑边缘不明显，后期发展为黄色不规则病斑，湿度大时叶背产生灰白色霉层，逐渐变为深灰色。棚室内干旱时病叶逐渐变黄、干枯，空气湿度大时发病叶片霉烂。白菜包心期以后，病株叶片由外向内层层干枯，严重时只剩下心叶球。

白菜霜霉病叶片正面症状　　　　　　　　白菜霜霉病叶片背面症状

【发生规律】病菌为专性寄生菌，以卵孢子在病株残叶内或以菌丝在被害寄主和种子上越冬。翌春产生孢子囊，孢子囊成熟后借气流、雨水或田间操作传播，萌发时产生芽管或游动孢子，从寄主叶片的气孔或表皮细胞间隙侵入。在发病后期，病菌常在组织内产生卵孢子，随同病株残体在地上越冬，成为下一个生长季节的初次侵染源。孢子囊的萌发适温为7～18℃。除温度外，高湿对病菌孢子囊的形成、萌发和侵入更为重要。在发病温度范围内，空气潮湿或田间湿度高，种植过密，株行间通风透光差，均易诱发霜霉病。一般重茬地块、浇水量过大的棚室发病重。

【防控措施】

（1）农业防治。重病田实行2～3年轮作。施足腐熟的有机肥，提高植株抗病能力。合理密植，科学浇水，防止大水漫灌，以防病害随水流传播。及时拔除病株，带出田外销毁或深埋，同时，撒施生石灰处理定植穴，防止病菌扩散。收获时，彻底清除残株落叶，并将其带到田外深埋或销毁。

（2）药剂拌种。用种子重量0.4%的75%百菌清可湿性粉剂或0.3%种子重量的35%甲霜灵拌种剂拌种。

（3）药剂防治。可选用百菌清、甲霜·锰锌、霜脲·锰锌、烯酰·锰锌或木霉菌喷雾。隔5～7d喷1次，连续防治2～3次。可结合喷洒叶面肥和植物生长调节剂进行防治，效果更佳。

3. 白菜黑胫病

【病原】黑胫茎点霉（*Phoma lingam* Desm.），属子囊菌亚门真菌。

【症状】茎染病病斑长条形，略凹陷，边缘紫色，中间褐色，上生密集黑色小粒点；根部染病产生长条形病斑，紫黑色，严重时侧根全部腐烂，致植株枯死；成株、采种株染病多在老叶上出现圆形或不规则形病斑，中央灰白色，边缘浅褐色，略凹陷，大的1～1.5cm，上生黑色小粒点；有的只形成小而稍枯黄的斑点；种荚染病多始于叶端，病荚种子瘦小，灰白色无光泽；贮藏期染病，病菌可继续为害引起叶片干腐。此外病菌还可为害幼苗，在靠近土表的茎部产生黑色长形斑，在枯死病苗茎基部产生黑色小粒点，即病菌的分生孢子器。

白菜黑胫病老叶病斑略凹陷　　　　　　白菜黑胫病病斑上密集的黑色小粒点

【发生规律】以菌丝体在种子、土壤或有机肥中的病残体上或十字花科蔬菜种株上越冬。菌丝体在土中可存活2～3年，在种子内可存活3年。翌年气温20℃产生分生孢子，在田间主要靠雨水或昆虫传播蔓延。播种带病的种子，出苗时病菌直接侵染子叶而发病，后蔓延到幼茎，病菌从薄壁组织进入维管束中蔓延，致维管束变黑。育苗期湿度大发病重，定植后天气潮湿多雨或雨后高温，该病易流行。

【防控措施】

（1）选用地势高燥的田块，并深沟高畦栽培。

（2）选用抗病、包衣的种子，也可采用50℃温水浸种20min，或用种子重量0.4%的50%琥胶肥酸铜可湿性粉剂或50%福美双粉剂拌种。

（3）与非十字花科作物实行3年以上轮作。

（4）苗床土壤处理。每平方米用40%拌种灵粉剂8g，与40%福美双8g等量混合拌入40kg堰土，将1/3药土撒在畦面上，播种后再把其余2/3药土覆在种子上。

（5）发病初期喷洒60%多·福可湿性粉剂、40%多·硫悬浮剂、70%百菌清可湿性粉剂，隔9d喷1次，防治1～2次。采收前7d停止用药。

（6）合理密植，发病时及时清除病叶、病株，并带出田外销毁，病穴施药或生石灰。

（7）及时防治地下害虫。

4. 白菜白锈病

【病原】白锈菌［*Albugo candida* (Pers.) Kuntze］，属担子菌门真菌。

【症状】大白菜白锈病可为害大白菜的叶片、花器。叶片染病，发病初始叶片正面产生褪绿小斑，扩大后病斑黄绿色，近圆形或不规则形，边缘不明显；叶背病部稍隆起，产生白色疱斑，即病菌的孢子堆，白色疱斑成熟后表皮破裂，散发出白色粉末状物，即病菌的孢子囊。发生严重时，叶片上病斑众多，多个病斑连接成片，呈大型枯斑，使叶片枯黄。采种株花器染病，可使花梗和花器染病部

白菜白锈病发病叶片正面症状　　　　白菜白锈病发病叶片背面症状

肥大畸形呈龙头状，并产生白色疱斑，散发出白色粉末状物。

【发生规律】病菌以菌丝体附着在种子上越冬，也能以菌丝体及卵孢子随病株残余组织遗留在田间越冬。在环境条件适宜时，卵孢子萌发产生孢子囊和游动孢子，借雨水反溅传播至寄主植物上，从寄主叶片表皮气孔侵入，引起初次侵染。病菌先侵染下部老叶或成熟叶片，逐渐向上部或内部叶片发展；出现病斑后，在受害的部位不断产生新生代孢子囊和游动孢子，借风雨传播进行多次再侵染，加重为害。连作地、地势低洼、排水不良的田块发病较早较重；栽培上种植过密、通风透光差、氮肥施用过多的田块发病重；品种间白菜型品种比甘蓝型品种感病。

【防控措施】

（1）农业防治。与非十字花科蔬菜隔年轮作，施足基肥，雨后及时排水，适当增施磷、钾肥，促使植株健壮，提高植株抗病能力。收获后及时清除病残体，带出田外深埋或销毁，深翻土壤，加速病残体的腐烂分解。

（2）药剂防治。发病初期开始喷药，间隔7～10d喷1次，连续喷2～3次。可选用药剂有嘧菌酯、氟硅唑、肟菌·戊唑醇、苯醚甲环唑、代森锰锌、霜霉威盐酸盐等，喷雾防治。

5. 白菜黑斑病

【病原】主要为芸薹链格孢 [*Alternaria brassicae* (Berk.) Sacc.]，属子囊菌亚门真菌。

【为害特点】白菜黑斑病多发生在外叶或外层叶球上，子叶、叶柄、花梗和种荚也可受害。多从大白菜的中下部外叶开始，初为近圆形褪绿斑，后为直径2～10mm，具明显同心轮纹的灰褐至暗褐色近圆形病斑，有或无黄色晕环。干燥时病斑变薄，有时破裂或穿孔，潮湿时在病斑两面生微细的褐色、暗褐色或黑色霉层。发病严重时病斑连成不规则的大斑块，致半叶或整叶枯死，甚至叶片由外向内干枯，造成叶球裸露。发生于叶缘时易与黑腐病混淆。叶柄发病病斑长梭形或纵条状，暗褐色，凹陷，病重时叶柄腐烂、脱帮。

【发生规律】多雨高湿及温度偏低发病早而重，连续阴雨或大雾的条件下，极易流行成灾。与十字花科蔬菜连茬和邻茬，没有进行种子处理

白菜黑斑病症状

而播种、播种过早、田间植株密度大、底肥不足、植株长势弱、大水漫灌的田块发病较重。

【防控措施】

（1）农业防治。与豆科、瓜类、茄果类作物轮作2～3年。配方施肥，多施腐熟的有机肥，并增施磷、钾肥。合理灌水，苗期小水勤灌，莲座期适当控水，包心期水肥供应充足。收获后及时清除田园病残体，及时带出田外深埋或销毁，减少田间病源。

（2）种子处理。播种前用50%异菌脲可湿性粉剂、50%腐霉利可湿性粉剂或50%多菌灵可湿性粉剂，加上50%福美双可湿性粉剂，按种子重量的0.2%～0.3%拌种。

（3）药剂防治。发病初期，选用50%苯菌灵可湿性粉剂＋75%百菌清可湿性粉剂、10%苯醚甲环唑水分散粒剂＋75%百菌清可湿性粉剂、560g/L嘧菌·百菌清悬浮剂、75%肟菌·戊唑醇水分散粒剂喷雾，隔5～7d喷1次。

第十四章　葱主要病虫害

第一节　葱主要病害

1. 葱灰霉病

【病原】葱鳞葡萄孢菌（*Botrytis squamosa* Walker），属子囊菌亚门真菌。

【症状】主要为害叶片，潮湿时叶片上生大量灰色的霉层，多由叶尖向下发展，逐渐连成片，使葱叶卷曲枯死。

【发生规律】病菌以菌丝体或菌核随病残体在土壤中越冬，也可以分生孢子在鳞茎表面越冬。分生孢子借气流或雨水反溅传播，病菌从气孔或伤口等侵入叶片，引起初侵染。病部产生的分生孢子随气流、雨水和农事操作等传播，进行再侵染。病菌喜冷凉、高湿环境，发病最适气候条件为温度15～21℃，相对湿度80％以上。地势低洼、排水不良、种植密度过大、偏施氮肥、生长不良的田块发病重；年度间冬春低温、多雨年份为害严重。

葱灰霉病症状

【防控措施】

（1）农业防治。收割后及时清除病残体，并带出田间集中销毁，防止病菌蔓延。和非葱蒜类蔬菜实行3年以上轮作。

（2）药剂防治。可选择腐霉利、异菌脲、噁霜·锰锌、百菌清、嘧霉胺等药剂，每5～7d喷施1次，连续2～3次。

2. 葱霜霉病

【病原】葱霜霉菌 [*Peronospora destructor* (Berk.) Casp. ex Berk.]，属卵菌。

【症状】主要为害叶和花梗。叶片染病以中下部叶片多发，初为褪绿色斑点，后扩大为椭圆形黄白色病斑，稍凹陷，空气湿度大时病斑表面可产生灰白色霉层；花梗染病初生黄白色椭圆形或纺锤形病斑，湿度大时病斑上产生灰白色霉层，严重时造成花梗从病部处软化，易折断。

【发生规律】病菌以卵孢子随病株残余组织遗留在田间越冬，也能以菌丝体潜伏在种子上越冬，形成系统侵染。在环境条件适宜时，孢子囊通过气流传播或雨水反溅至寄主植物上，从寄主表皮直接侵入，引起初次侵染。经5～10d潜育后出现病斑，并在受害的部位产生孢子囊，借气流传播或雨水反溅，进行多次重复侵染。田块间连作地、排水不良地发病较早、较重。栽培上种植过密、通风透光差、氮肥施用过多的田块发病重。

葱霜霉病症状

【防控措施】

（1）农业防治。施足腐熟的基肥，同时增施磷、钾肥，提高植株的抗病能力。及时清除病株残体，集中起来，在远离田间的地方进行销毁或者深埋，减少病源。实行2～3年轮作，进行高畦高垄栽培，定时疏松土壤。

（2）药剂防治。在发病初期，可喷洒嘧菌酯、霜霉威盐·氟吡菌胺、霜脲·锰锌、吡唑醚菌酯·代森联、精甲霜灵·锰锌、锰锌·烯酰或氟吗·锰锌，每隔7～10d喷洒1次，连续喷洒2～3次。

3. 葱软腐病

【病原】胡萝卜软腐欧文氏菌胡萝卜软腐亚种 [*Erwinia carotovora* subsp. *carotovora*（Jones）Bergey et al.]，属细菌。

【症状】葱软腐病发生于田间鳞茎膨大期，在1～2片外叶的下部产生半透明灰白色斑，叶鞘基部软化腐败，外叶折倒，病斑向下扩展。假茎部发病初期呈水渍状，后内部开始腐烂，散发出恶臭。

【发生规律】病菌喜温暖、高湿环境，发病最适宜温度为25～30℃，湿度高有利于发病。葱感病生育期在生长中后期。此外，低洼潮湿、植株徒长、连作及种蝇、韭蛆、蛴螬等地下害虫为害严重的田块发病重。年度间夏、秋高温多雨的年份为害严重。病原菌可在感病的葱或其他蔬菜上越冬，也能随病残体在土壤中越冬。病菌通过未腐熟的肥料、雨水、灌溉水和种蝇、蓟马等害虫活动传播蔓延，从伤口侵入。

葱软腐病症状

【防控措施】同蒜软腐病。

4. 葱紫斑病

【病原】葱链格孢 [*Alternaria porri* (Ell.) Cierri.]，属子囊菌亚门真菌。

【症状】叶和花梗染病，初生水渍状白色小点，后变淡褐色圆形或纺锤形稍凹陷斑，继续扩大呈褐色或暗紫色，周围常具黄色晕圈，病斑上长出深褐色或黑灰色同心轮纹状排列的霉状物，若病斑继续扩大，可使全叶变枯黄或折断。湿度大时，病部长出深褐色至黑灰色霉状物。当病斑相互融合并绕叶，或花梗扩展时，致全叶（梗）变黄而枯死或倒折，或绕花梗一周，使花梗和叶倒折。若留种田的花梗上发病，可使种子皱瘪，不能充分成熟，影响发芽率。

葱紫斑病症状

【发生规律】病菌以菌丝体在寄主体内或随病残体遗落在土壤中越冬，种子也可带菌。分生孢子通过气流传播，从伤口、气孔或表皮直接侵入致病。病菌孢子形成、萌发和侵入均需有水滴存在，温暖多湿的天气和种植环境有利于发病。沙质土、旱地，或肥水不足，或葱蓟马猖獗的田块，往往发病严重。早苗、老苗发病也较重。品种间抗病性有差异。

【防治措施】

（1）农业防治。选用无病种子或种子消毒。重病地与非百合科蔬菜实行2年以上的轮作，以降低田间的菌源。多施有机肥，增施磷、钾肥，增强寄主抗病力。

（2）药剂防治。发病初期用嘧菌酯、腈菌唑、百菌清、异菌脲、代森锰锌等喷雾防治。

5. 葱锈病

【病原】葱柄锈菌 [*Puccinia allii* (DC.) Rudolphi] 和葱锈菌 [*Puccinia porri* (Saw) Wint.]，均属担子菌亚门真菌。

【症状】主要在叶片和花梗上形成椭圆至纺锤形、隆起的小疱疮，中部呈橘色，周围为黄白色，有光泽。后期纵裂，周围表皮翻起，散出铁锈色粉末（夏孢子）。重症植株的叶片和花梗呈麦秆色干枯。

【发生规律】以冬孢子和夏孢子形态附着在病株上越冬，形成初侵染源。孢子借助气流传播，侵入大葱发病，经10d左右潜育后出现病斑，田间发病后，由夏孢子堆产生的夏孢子借风传播，进行多次再侵染，向周围植株蔓延。病菌喜欢低温、高湿的气候条件，适宜发病的温度范围为5～22℃；最适发病环境温度为10～20℃，相对湿度90%以上；最适感病生育期为成株期。发病潜育期8～12d。夏孢子适宜发育温度范围为9～18℃，气温在24℃以上发病明显受抑制。葱柄锈菌只寄生于葱属植物，而葱锈菌除葱属外，还寄生于大蒜等。田地肥力不足，植株生长不良也是发

葱锈病症状

病严重的一个因素。

【防控措施】

（1）农业防治。提高土壤肥力，多施磷、钾肥，增强植株的抗病能力。

（2）药剂防治。发病初期及时喷药防治，可使用药剂有20%三唑酮乳油、12.5%烯唑醇可湿性粉剂、25%丙环唑乳油、30%戊唑·多菌灵悬浮剂。每隔10d喷药1次，连续喷2～3次。

第二节　葱主要害虫

葱蓟马

葱蓟马（*Thrips tabaci* Lindeman），又名烟蓟马、棉蓟马，属缨翅目蓟马科。为害大葱、蒜、马铃薯等。

【形态特征】

成虫：体长1～1.3mm，体色自浅黄色至深褐色不等。复眼紫红色，呈粗粒状，稍突出，在后缘有一排小刺；触角7节，黄褐色。翅2对，淡黄褐色，细长，翅脉黑色。腹部圆筒形，末端较小。

卵：长0.1～0.3mm，肾脏形，乳白色。

若虫：形似成虫，淡黄色，无翅，复眼暗红色。

【为害特点】 以成虫和若虫为害寄主的心叶、嫩芽及幼叶，在叶面受害后形成针刺状零星或连片的银白色斑点，严重时叶片扭曲变黄、枯萎，远看葱田发生"旱象"，严重影响品质和产量。

【发生规律】 葱蓟马成虫在日平均气温达4℃时即可开始活动，10℃以上时成虫取食活跃，旬平均气温上升到12.5℃以上时产卵繁殖。当旬平均气温上升到16.6～19.6℃时繁殖迅速，虫口数量增长很快。温度超过38℃，若虫不能存活，接近38℃发育速度虽快，但死亡率较高。当相对湿度达到100%时，在31℃下，若虫均不能存活，湿度降至75%就能完成发育。葱蓟马发生最适宜条件为温度20～28℃，相对湿度40%～70%，春季久旱不雨即是大发生的预兆。

葱蓟马为害状

成虫和若虫在未收获的大葱、洋葱、大蒜叶鞘内越冬，少数以蛹在杂草残株间和冬季有草、粪覆盖的葱地或为害处附近的土里越冬。7—8月高温多雨季节，葱蓟马因湿度太高，虫口密度会自然下降。成虫很活泼，善飞，可借风力进行远距离飞行，扩散传播很快，对蓝光有强烈趋性。成虫怕光，白天在叶腋处，阴天或夜间才到叶面上活动为害。雌虫可行孤雌生殖，田间见到的绝大多数是雌虫，雄虫极少。成虫多产卵于寄主背面叶肉和叶脉组织内。1头雌虫每天可产卵10～30粒。

【防控措施】

（1）农业防治。冬、春季清除田间杂草和残株落叶，集中销毁或深埋，以减少越冬成虫及若虫。久旱不雨时，勤浇水，可降低葱蓟马虫口密度，减轻其为害。

（2）物理防治。利用葱蓟马成虫趋蓝色的习性，设置蓝色粘虫板诱杀。

（3）生物防治。保护利用天敌。

（4）药剂防治。发病初期喷药防治，药剂可选用0.3%印楝素乳油、2%甲维盐乳油、50%辛硫磷乳油、10%吡虫啉可湿性粉剂、8%阿维菌素乳油或0.3%苦参碱水剂。

第十五章　其他蔬菜主要病虫害

第一节　其他蔬菜主要病害

1. 大蒜软腐病

【病原】胡萝卜软腐欧文氏菌胡萝卜软腐亚种 [*Erwinia carotovora* subsp. *carotovora* (Jones) Bergey et al.]，属细菌。

【症状】大蒜软腐病一般先从下部叶片开始发病，发病初期先从叶缘或叶中脉出现黄白色的条斑，环境湿度大时，病部呈现黄褐色湿腐，并有黄色菌液溢出。植株从下部叶片发病，逐渐向上部叶片扩展，后期轻者仅有 2 ~ 3 片叶稍绿，重者整株枯黄死亡。

【发生规律】大蒜软腐病在低温、高湿条件下易发生，尤其在地势低洼、排水不良的地块发病严重。少雨年份和干旱地区一般发病较轻。

【防控措施】

（1）农业防治。与非百合科蔬菜进行 3 年以上轮作。施足腐熟的以磷、钾肥为主的优质有机肥、饼肥，促进幼苗健壮生长，提高植株抗病能力。

大蒜软腐病症状

（2）药剂防治。发病初期，可用春雷霉素、氢氧化铜、中生菌素等喷雾，5 ~ 7d 喷一次，连喷 2 ~ 3 次。对发病轻的病株及其周围植株重点喷雾，注意喷到植株茎基部，重病株拔出销毁。发病严重时每亩可灌 78% 波尔·锰锌可湿性粉剂 500 倍液或用 500 ~ 1 000g 冲施，或用 50% 氯溴异氰尿酸可溶粉剂 500 倍液灌根或 500 ~ 1 000g 冲施。

2. 茄子黄萎病

茄子黄萎病又称凋萎病、黑心病，俗称半边疯，主要为害根、茎、分枝及叶柄等，是日光温室茄子生产中的主要病害之一，对茄子生产为害极大，发病严重时常造成绝收或毁种。

【病原】大丽花轮枝孢（*Verticillium dahliae* Kleb），属子囊菌亚门真菌。

【症状】茄子黄萎病多在门茄开花坐果后表现症状，多自下而上或从一边向全株发展。早期病叶晴天高温时呈萎蔫状，早晚尚可恢复，后期病叶由黄变褐，终致萎蔫下垂以至脱落，严重时全株叶片变褐萎垂以至脱光仅剩茎秆。该病为全株性病害，剖检病株根、茎、分枝及叶柄等部位，可见维管束变褐，但挤捏上述各部横切面，无米水状混浊液渗出，有别于青枯病。

茄子黄萎病致维管束变褐

茄子黄萎病致叶片萎蔫下垂　　　　茄子黄萎病发病植株矮小

【发生规律】以菌丝、厚垣孢子随病残体在土壤中越冬，也可由种子带菌，成为第2年的初侵染源。病菌在土壤中可一般可存活6～8年，借助风、雨、水、种子、农机具等传播发病。来年初侵染主要从植株根部伤口或直接从幼根表皮及根毛侵入，后在维管束内生长繁殖，并扩展至茎、叶和果实，病菌当年不重复侵染。气温低、湿度大、低洼易涝地块或土壤黏重的地块，天旱时地面易龟裂伤根的易发病。发病适温为19～24℃。

【防控措施】

（1）选用抗（耐）病品种。一般叶片长圆形或尖形，叶缘有缺刻、叶面茸毛多，叶色浓绿或紫色的品种较抗病。

（2）轮作倒茬。与非茄科类作物进行3～4年轮作倒茬。

（3）加强田间管理。采用深沟高垄栽培，以利排水，降低田间湿度；施足腐熟的有机肥，避免偏施氮肥，增施磷、钾肥，避免化肥浇根，小水勤浇，防止地裂伤根，发现病株及时拔除，收获后彻底清除田间病残体，并带出田外销毁。

（4）嫁接防病。采用抗病砧木嫁接茄子。

（5）药剂防治。播种前用多菌灵浸种1～2h，然后催芽播种。苗床整平后，用多菌灵拌细土撒施于畦面再播种。幼苗定植前2～3d用多菌灵、噁霉灵或硫酸铜灌根后移栽。定植后发现个别病株，立即灌根，可选用甲基硫菌灵或申嗪霉素、异菌脲、甲硫·噁霉灵、乙蒜素、咯菌腈浇灌，每隔7～10d灌1次，连灌2次。严重的及时拔除病株，并对土壤进行药剂处理。

3. 茄子炭疽病

【病原】辣椒炭疽菌 [*Colletotrichum capsici*（Syd.）Bulter et Bisby.]，属子囊菌亚门真菌。

【症状】主要为害果实，以近成熟和成熟果实发病为多。果实发病，初时在果实表面产生近圆形、椭圆形或不规则形黑褐色、稍凹陷的病斑。病斑不断扩大，或病斑汇合形成大型病斑，有时扩及半个果实。后期病部表面密生黑色小点，潮湿时溢出赭红色黏质物。病部皮下的果肉微呈褐色，干腐重时可导致整个果实腐烂。此病与茄子褐纹病的主要区别在于其病征明显，偏黑褐至黑色，严重时导致整个果实腐烂。叶片受害产生不规则形病斑，边缘深褐色，中间灰褐色至浅褐色，后期病斑上长出黑色小粒。

茄子炭疽病症状

【发生规律】以菌丝体或分生孢子在病残体或种子表面越冬。高温高湿，重茬地，地势低洼，排水不良，氮肥过多，植株郁蔽或通风不良，植株生长势弱的地块发病重。

【防控措施】

（1）病地与非茄科蔬菜进行2～3年轮作。使用无病种子，培育壮苗，适时定植，避免植株定植过密。合理施肥，避免偏施氮肥，增施磷、钾肥。适时适量灌水，雨后及时排水。保护地栽培时避免高温高湿出现。及时清理病残果。

（2）药剂防治。发病初期开始喷洒甲基硫菌灵、咪鲜胺、苯菌灵、炭疽·福美、苯醚·嘧菌酯、多·硫或百菌清＋甲基硫菌灵，隔7～10d1次，连续防治2～3次。

4. 洋葱黑粉病

【病原】洋葱条黑粉菌（*Urocystis cepulae* Frost），属担子菌亚门真菌。

【症状】洋葱黑粉病主要发生在2～3叶期的小苗上，染病葱苗长到17cm高时，叶初微黄，1～2叶萎缩扭曲，叶和鳞茎上产生稍隆起的银灰色条斑，严重的条斑变为泡状、肿瘤状，表皮开裂后散出黑褐色粉末，即病原菌的孢子团。病株生长缓慢，发病早的多全部枯死。

【发生规律】洋葱黑粉病在较寒冷的地区发生，一旦发生，就会年年发病。病菌附着在病残体上或散落在土壤中，以厚垣孢子越冬，成为该病的初侵染源，种子发芽后20d内，病菌从子叶基部等处的幼嫩组织侵入，经一段时间潜育即显症，以后病部产生的厚垣孢子借风雨或灌溉水传播蔓延。播种后气温10～25℃可发病，适宜发病温度18～20℃。播种过深，发芽出土迟，与病菌接触时间长或土壤湿度大发病重。该病是系统侵染，田间健株仍保持无病，当叶长到10～20cm后，一般不再发病。氮肥施用过多、

洋葱黑粉病症状

幼苗徒长，易发病。

【防控措施】

（1）农业防治。发现病株及时拔除，集中销毁，并注意把手洗净，工具应消毒，以防人为传播。重病区或重病地应与非葱类作物进行2～3年轮作。

（2）种子处理。用20%三唑酮乳油2000倍液处理种子，或用50%福美双可湿性粉剂拌种。

（3）药剂防治。病穴每亩撒1：2石灰硫黄混合粉10kg进行消毒，也可用福美双或拌种灵兑细干土，充分拌匀后撒施消毒。病株用三唑酮、多·硫悬浮剂、硫黄悬浮剂或武夷霉素等药剂喷雾防治，每7d1次，连续防治2～3次。

5. 芹菜斑枯病

【病原】芹菜生壳针孢（*Septoria apiicola* Speg.），属子囊菌亚门真菌。

【症状】芹菜斑枯病主要为害叶片，也侵染叶柄、茎。一般老叶先发病，后向新叶发展。发病初期，叶片产生淡褐色油渍状小斑点，多散生，后逐渐扩散，病部中央开始坏死，外缘深褐色且明显，中央褐色，散生黑色小斑点。严重时叶片上布满病斑，相互连片，叶片枯黄，植株中下部叶片全部变为褐色干枯状。叶柄及茎部受害时，病斑长椭圆形，色稍深，微凹陷，严重时造成茎秆腐烂。

【发生规律】病菌以菌丝体潜伏在种皮内越冬，也可在病残体上越冬。潜伏在种皮内的菌丝可存活1年以上。在适宜条件下，病菌在种皮病残体上形成分生孢子器和分生孢子。分生孢子借风雨、牲

芹菜斑枯病病叶

畜及农具传播。带菌种子可作远距离传播。病菌的芽管可从气孔或直接侵入寄主体内，在适宜温度下，潜育期约为8d。病部又产生分生孢子进行再侵染。芹菜斑枯病在冷凉和高湿条件下易发生，在20～25℃的温度和90%以上湿度条件下，病害易大发生；连阴天，气温波动频繁或日间燥热，夜间结露，温度过高或过低，可加剧病害的发生；芹菜缺水缺肥，生长不良，植株长势弱，抗病力差，也有利于病害的发生；灌水较多，通风排湿不及时，常可导致病害的迅速蔓延。

【防控措施】

（1）农业防治。实行2～3年轮作倒茬，可减少病原菌的侵染。生长期加强管理，增施底肥，适时追肥，注意通风排湿，减少夜间结露，禁止大水漫灌。

（2）药剂防治。发病初期可选用百菌清、杀毒矾、烯酰吗啉、代森锰锌等喷药，每隔7～10d喷1次，连喷2～3次。棚内湿度大或阴雨天气，可选择百菌清、异菌脲、杀毒矾烟剂熏蒸。

6. 芹菜灰霉病

【病原】灰葡萄孢（*Botrytis cinerea* Pers.），属子囊菌亚门真菌。

【症状】芹菜灰霉病主要为害叶片和茎，苗期至成株期均可染病。苗期染病，叶和幼茎呈水渍状腐烂，病部着生灰色霉层。叶片染病，从近地面成熟叶片开始，发病初始产生水渍状小斑，扩大后呈灰褐色不规则形，田间湿度大时，病部迅速扩大，蔓延至内部叶片，产生一层厚密的灰色霉层，即病菌的分生孢子梗和分生孢子。茎染病，初始茎基部产生水渍状小斑，扩大后病斑环绕茎一周，田间湿度高时产生一层厚密的灰色霉层，使地上部分茎叶凋萎，病株逐渐干枯死亡。

【发生规律】病菌以菌核或分生孢子随病株残余组织遗留在田间越冬。在环境条件适宜时，菌核萌发出菌丝体并产生分生孢子梗及分生孢子，从寄主伤口、衰弱及坏死组织部位侵入，引起初次侵

染。病菌侵入后迅速蔓延扩展，并在病部产生新生代分生孢子，借气流传播进行多次再侵染。后期形成菌核后越冬。连作地、地势低洼、排水不良的田块发病较重；栽培上种植过密、通风透光差、肥水施用过多的田块发病重。

【防控措施】

（1）土壤消毒。芹菜移栽前，每亩用50%腐霉利可湿性粉剂，或50%异菌脲可湿性粉剂1kg，拌细土20kg，撒施翻耕后消毒土壤。

（2）药剂防治。芹菜灰霉病发病初期，可以用异菌脲、腐霉利、乙烯菌核利等药物进行喷雾，间隔8～9d喷雾1次，连续防治3～4次。也可用腐霉利或百菌清烟剂，晚上密闭熏烟，间隔7～8d熏1次。

芹菜灰霉病症状

7. 莴笋霜霉病

【病原】莴苣盘霜霉（*Bremia lactucae* Regel），属卵菌。

【症状】该病主要为害叶片，多先从下部叶片开始发生，再逐渐向上蔓延发展。受害叶片正面最初呈现连片褪绿的浅黄绿色，无明显边缘的病斑，叶背面对应部分长有霜状白霉。发病中后期病斑呈现黄褐色，并受叶脉限制而呈多角形。田间湿度大时，叶片正面也出现白色霉层。病害严重时全叶坏死。

【发生规律】该病一般由气流进行远距离传播；随雨水飞溅、甲虫的爬行、人为活动等进行近距离传播。平均温度16℃左右，相对湿度高于70%，连续5d以上的连阴雨天气时，一旦有菌源，就能迅速蔓延。低温、高湿条件有利于霜霉病发生，种植过密、群体过大、氮肥施用过多、通风透光不良的田块发病重。

莴笋霜霉病发病初期症状

【防控措施】

（1）农业防治。发病严重地块，进行2年以上轮作。

（2）药剂防治。播种前用种子重量0.1%～0.3%的25%甲霜灵可湿性粉剂拌种消毒；用50%烯酰吗啉可湿性粉剂2 000倍液淋施育苗床或用生石灰消毒育苗土壤；在幼苗长出2～4片真叶时，喷洒1次72%霜脲·锰锌可湿性粉剂等防治霜霉病的药剂，均可有效预防该病害的发生。雨停的间隙，对未发病田，可选用80%代森锰锌可湿性粉剂等具保护性作用且耐雨水冲刷的药剂喷雾预防。发病初期，可选用霜霉威、噁霜·锰锌（杀毒矾）、甲霜·锰锌、精甲霜·锰锌、烯酰吗啉、霜脲·锰锌等，交替轮换使用，7d左右喷1次。

8. 西葫芦灰霉病

【病原】灰葡萄孢（*Botrytis cinerea* Pers.），属子囊菌亚门真菌。

【症状】西葫芦灰霉病可为害花、果、茎和叶等，以为害花和幼瓜最为普遍。病菌多从开败的花侵入，使花腐烂，产生灰色霉层，后由病花向幼瓜发展。幼瓜染病后，初期顶尖褪绿，后呈水渍状软腐并产生灰白色霉层。腐烂的花、果脱落到健康的茎、叶、幼果上，会引起茎、叶、幼果发病腐烂。茎部感染，初呈水渍状，后腐烂并导致茎蔓折断。叶片染病，多从叶缘侵入，并呈V形扩展，也可从叶柄处发病，湿度大时病斑表面有灰色霉层。

【发生规律】主要以菌核、分生孢子或菌丝在土壤内及病残体上越冬。分生孢子在病残体上可存活4～5个月，越冬、越夏的分生孢子成为保护地下茬作物的初始菌源。病菌借气流、浇水等农事操作传播，行间走动或整枝、蘸花、浇水都可传播，发病的叶、花、果上的分生孢子落到健株上都可引起重复侵染。高湿、低温、光照不足、植株长势弱、棚内湿度90%以上、结露持续时间长、雾大、生产上放风不及时都会引起西葫芦灰霉病的发生和流行。

【防控措施】

（1）农业防治。清洁田园，及时摘除病花、病叶、病果等发病组织，并及时带出棚室深埋销毁。推广高畦覆膜、滴灌栽培法，适时浇水，上午尽量保持较高温度，病菌在33℃不产生分生孢子，并可使棚内露水雾化蒸发，下午加大放风量，降低棚内湿度，夜晚要适当提高棚温，避免或减少叶面结露。

西葫芦灰霉病症状

（2）药剂防治。发病初期可选择咯菌腈、百·霉威、氟啶胺等喷雾防治，也可采用腐霉利、百菌清、百·腐或噻菌灵等烟剂熏蒸。

9. 西葫芦白粉病

【病原】单丝壳白粉菌 [*Sphaerotheca fuliginea* (Schlecht.) Poll.] 和瓜类单丝壳菌 [*Sphaerotheca cucurbitae* (Jacz.) Z.Y.Zhao]，均属子囊菌亚门真菌。

【症状】西葫芦白粉病在苗期至收获期均可发生，主要发生在西葫芦生长的中后期，主要为害叶片，其次为茎、叶柄，果实很少受害。发病初期在叶面或叶背及幼茎上产生白色近圆形小粉斑，叶正面多，其后向四周扩展成边缘不明晰的连片白粉，严重的整个叶片布满白粉，即病原菌的无性子实体——分生孢子。发病后期，白色的霉斑因菌丝老熟变为灰色，在病斑上生出成堆的黄褐色小粒点，后小粒点变黑，即病原菌的闭囊壳。

【发生规律】白粉病在10～25℃均可发生，能否流行取决于湿度和寄主的长势，低湿可萌发，高湿萌发率明显提高。因此，雨后干燥、少雨但田间湿度大，白粉病流行速度加快。较高的湿度有利于孢子萌发和侵入。高温干燥有利于分生孢子繁殖和病情扩展，尤其当高温干旱与高湿条件交替出现，又有大量白粉菌及感病的寄主时，此病即流行。白粉病的分生孢子在45%左右的低湿条件下也能充分发芽，反之在叶面结露持续时间长的情况下，病菌生长发育受到抑制。

西葫芦白粉病症状

【防控措施】

（1）农业防治。选用抗病品种，培育壮苗，定植时施足底肥，增施磷肥、钾肥，避免后期脱肥。生长期注意通风透光，棚室提倡使用硫黄熏蒸器定期熏蒸预防。

（2）药剂防治。发病初期选用三唑酮、烯唑醇、戊唑醇、丙森锌、丙环唑、腈菌唑、氟硅唑或苯醚甲环唑等喷雾防治，喷雾时叶片正、背两面均匀受药，每隔7～10d喷1次，酌情连喷2～3次。

10. 菜豆锈病

【病原】疣顶单胞锈菌 [*Uromyces appendiculatus* (Pers.) Unger]，属担子菌亚门真菌。

【症状】菜豆锈病主要为害菜豆叶片，也能为害菜豆的茎和豆荚。叶片发病初始产生黄白色小斑，扩大后稍隆起，呈黄褐色近圆形疱斑，后期疱斑中央的突起呈暗褐色，即病菌的夏孢子堆，周围具有黄色晕环，表皮破裂后散发出红褐色粉状物，即病菌的夏孢子堆散发出的夏孢子。发病严重时，新老夏孢子堆群集形成椭圆形或不规则形锈褐色病斑，发病后期夏孢子堆转变为黑色冬孢子堆，整张叶片可布满锈褐色病斑，引起叶片枯黄脱落。茎染病初始产生褪绿色斑，扩大后呈褐色长条状疱斑，即病菌的夏孢子堆，后期产生黑色或黑褐色的冬孢子堆。豆荚染病产生暗褐色突出表皮的疱斑，表皮破裂散发锈褐色粉状物。

菜豆锈病症状

【发生规律】病原菌以冬孢子随病株残余组织遗留在田间越冬。翌年春环境条件适宜时，冬孢子萌发产生担子和担孢子；担孢子借气流传播到寄主作物上，由叶面气孔直接侵入，引起初次侵染。经9～12d潜育后出现病斑，田间发病后，在病部产生锈孢子，形成夏孢子堆并散发出夏孢子，由夏孢子堆产生的夏孢子借风传播进行再侵染，直到秋季产生冬孢子堆和冬孢子。病菌喜温暖潮湿的环境，发病温度范围为20～32℃；最适宜的发病温度为23～27℃、相对湿度95%以上；最适宜的感病生育期为开花结荚到采收中后期。夏秋高温、多雨的年份发病重；田块间连作地、排水不良的发病较重；栽培上种植过密、通风透光差的田块发病重；多雾和多雨的天气，结露持续时间长，易流行。

【防控措施】

（1）农业防治。选用抗病品种，与其他非豆科作物实行2年以上轮作，采用高畦定植，地膜覆盖，合理密植；加强肥水管理，采用配方施肥技术，施用充分腐熟的有机肥，适当增施磷、钾肥，提高植株抗病性；摘除老叶、病叶，合理通风，降低相对湿度。

（2）药剂防治。发病初期可选用15%三唑酮可湿性粉剂、40%多·硫悬浮剂、25%丙环唑乳油、10%苯醚甲环唑水分散粒剂、40%氟硅唑乳油或12.5%烯唑醇可湿性粉剂喷药。隔10～15d喷1次，连续防治2～3次。

11. 萝卜黑心病

萝卜黑心病是指萝卜肉质根内维管束或薄壁组织发黑变色现象的统称，致病原因可分为生理性黑心病和侵染性黑心病。土壤坚硬、板结、通风不良，或施用未经腐熟的厩肥，萝卜缺硼，均可使萝卜肉质根的部分组织因缺氧而出现生理性黑皮或黑心症状。萝卜黑心病发生和为害日趋严重，病田率达60%～90%，重病田发病率可达100%，严重影响萝卜的产量和商品性。

【病原】侵染性萝卜黑心病的病原菌有长孢轮枝菌（*Verticillium longisporum*）、三体轮枝菌（*V. tricorpus*）和瓜小织球壳菌（*Plectosphaerella cucumerina*），均属子囊菌亚门真菌。

【症状】感病萝卜上部叶片黄化或无肉眼可见的症状；从根颈头横切，可见萝卜周皮及皮层不变色，与萝卜周皮相连韧皮部颜色最深，呈圆形黑圈状，中柱组织呈现均匀或不均匀放射状分布的黑色变色点；纵向剖开病根，可见肉质根的中柱组织自根尖向上呈不同程度的黑色，萝卜肉质部分变黑色，以肉质根的根尖及毛根颜色变化最大，萝卜根下部颜色深，向上颜色逐渐变淡。受侵染萝卜味道发苦，肉质根品质变劣，降低或全部丧失食用价值，常被抛弃在田间，为病菌来年侵染提供了菌源。

【发生规律】长孢轮枝菌是一种土传病原菌，不具备可长距离传播的气生孢子。3种病菌的适宜生长温度分别为20℃、20～25℃和25℃。连作病重，连作年限越长，土壤内病菌积累越多，发病越重。地势低洼、排水不良、地下水位高、田间湿度大利于病害发生。土壤缺肥，尤其缺磷、钾肥或施氮肥过多、大水漫灌发病重。

【防控措施】

（1）农业防治。严格进行种子消毒。与非十字花科蔬菜实行2～3年的轮作。土壤要深耕晒垡，每亩施充分腐熟的有机肥2 000～2 500kg、过磷酸钙20～30kg、硫酸钾30～40kg作基肥。深沟高畦，加强排溉，增加土壤通透性，防止田间积水。

（2）化学防治。对于缺硼田块，在萝卜生育中期喷施0.2%～0.3%硼酸溶液1～2次。

（3）生物防治。可喷施枯草芽孢杆菌等生防制剂。

萝卜黑心病症状

12. 甘蓝黑腐病

【病原】油菜黄单胞菌油菜致病变种（*Xanthomonas campestris* pv. *campestris*），属细菌。

甘蓝黑腐病症状

【症状】甘蓝黑腐病可侵染甘蓝的幼苗和成株，主要侵染甘蓝成株。甘蓝黑腐病直接为害甘蓝的叶片、叶球和球茎。病菌为水孔侵入，侵染子叶时呈现水渍状，然后迅速蔓延至真叶出现小黑斑点；侵染真叶时，病菌多从叶缘侵入，形成黄褐色的V形枯斑，而后病斑逐渐沿叶脉向内扩展，致使周围叶肉变黄或枯死，使叶片产生大面积黄褐色斑或叶脉坏死变黑呈网状；病菌也可从伤口侵入，在侵染部位形成不规则的淡褐色病斑。甘蓝成株期染病后，结球松散，发病严重的病株球茎维管束变黑或腐烂而不发臭，干燥条件下，维管束形成黑色空心干腐，但并无臭味散发。

【发生规律】病菌随种子或病残体越冬。带菌种子是病菌远距离传播的主要途径。病菌随病残体遗留在田间是重要的初次侵染源。成株期叶片受侵染时，病菌可从叶缘的水孔或伤口侵入，很快进入维管束，并随之上下扩展，致使茎部和根部的维管束变黑，引起植株萎蔫，直至枯死。在留种株上，病菌可从果柄维管束进入种荚导致种子表面带菌，或从种脐侵入致种皮带菌。

病菌生长适温为27～30℃，高温高湿、多雨、重露有利于甘蓝黑腐病发生。暴风雨后往往大发生。易于积水的低洼地块和灌水过多的地块发病多。早播、与十字花科作物连作、管理粗放、虫害严重的地块，施用未腐熟农家肥或偏施氮肥，都会加重病害发生。不同品种抗病性差异较大。

【防控措施】

（1）农业防治。与非十字花科作物轮作2～3年。在甘蓝莲座和结球中期，根据甘蓝生长情况可叶面喷施磷酸二氢钾溶液，或者随水冲施富含磷、钾和多种微量元素的肥料，以增强植株抗黑腐病的能力和提高甘蓝品质。在栽培前，施用生石灰改良偏酸性的土壤，可明显减轻甘蓝黑腐病的发生。

（2）种子消毒。播种前，对种子进行温水消毒。将种子放入5倍量的50～55℃温水中，不断搅拌，保持水温搅拌15～20min后，将其放至室温停止搅拌。也可对种子进行药剂消毒，用50%多菌灵可湿性粉剂800～1 000倍液浸种20min，或用50%代森铵200倍液浸种15min，洗净晾干后播种。

（3）药剂防治。在甘蓝黑腐病发生初期，可用50%三氯异氰尿酸可湿性粉剂，或45%春雷·王铜可湿性粉剂，或77%氢氧化铜可湿性粉剂，或14%络氨铜水剂，每隔5～7d防治一次，连续防治2～3次，注意药剂交替使用。同时清除田间染病严重的病株，隔离清理，喷洒生石灰防止病原菌的扩散。

第二节　其他蔬菜主要害虫

1. 小菜蛾

小菜蛾除为害油菜外，还可为害甘蓝、花椰菜、白菜、萝卜等十字花科蔬菜。其繁殖能力强，世代周期短，易产生抗药性，且有迁飞性，对十字花科蔬菜造成严重威胁。

【为害特点】 以幼虫为害叶片，低龄幼虫仅能取食叶肉，留下表皮，在菜叶上形成一个个透明斑，似"小天窗"；三至四龄幼虫可将叶片吃成孔洞或缺刻，严重时蔬菜全叶被吃成网状，降低蔬菜的食用和商品价值。

形态特征、发生规律和防控措施同油菜害虫小菜蛾。

低龄幼虫为害白菜状

小菜蛾成虫

小菜蛾幼虫

2. 菜粉蝶

菜粉蝶（*Pieris rapae* Linnaeus），也被称为白粉蝶、菜白蝶、小菜粉蝶等，幼虫被称为菜青虫，属鳞翅目粉蝶科，是十字花科植物上的主要害虫。

【形态特征】

成虫：体长12～20mm，翅展45～55mm，体黑色，胸部密被白色及灰黑色长毛，翅白色。雌虫前翅前缘和基部大部分为黑色，顶角有1个大三角形黑斑，中室外侧有2个黑色圆斑，前后并列。

后翅基部灰黑色，前缘有1个黑斑，翅展开时与前翅后方的黑斑相连接。

卵：竖立呈瓶状，高约1mm，初产时淡黄色，后变为橙黄色。

幼虫：共5龄，体长28～35mm，幼虫初孵化时灰黄色，后变青绿色，体圆筒形，中段较肥大，背部有1条不明显的断续黄色纵线，气门线黄色，每节的线上有两个黄斑。密布细小黑色毛瘤，各体节有4～5条横皱纹。

蛹：体长18～21mm，纺锤形，体色有绿色、淡褐色、灰黄色等；背部有3条纵隆线和3个角状突起。头部前端中央有1个短而直的管状突起；腹部两侧也各有1个黄色脊，在第二、三腹节两侧突起成角。体灰黑色，翅白色，鳞粉细密。前翅基部灰黑色，顶角黑色；后翅前缘有一个不规则的黑斑，后翅底面淡粉黄色。

菜粉蝶成虫

菜粉蝶蛹

菜粉蝶幼虫（菜青虫）

菜粉蝶为害状

【为害特点】幼虫食害叶片，小幼虫仅啃食一面表皮和叶肉，留下另一面表皮，稍大后可将叶片吃成孔洞，严重时仅剩叶脉。造成的伤口易引起软腐病。

【发生规律】1年发生多代。以蛹在墙壁、枝秆及杂草等处越冬。第二年4月出现成虫，吸食花蜜，交尾产卵。喜在甘蓝、油菜等植物上产卵，每次产1粒，多产于叶背面。每头雌虫产卵100～200粒，多则500粒，卵期3～8d。幼虫5龄，幼虫期15～20d。幼虫为害叶片有吐丝下垂习性。气候温凉时昼夜为害，炎热时夜间取食，白天藏于叶背或菜心中。老熟时爬至适宜场所化蛹。菜粉蝶世代重叠，同一时间可见到各虫态。

【防控措施】

（1）农业防治。收获后及时清洁田园，结合基肥清除田间病残体，以消灭田间残留的幼虫和蛹；翻耕土壤，避免十字花科蔬菜连作，减少越冬虫源基数。

（2）药剂防治。选用灭幼脲、阿维菌素、茚虫威、抑食肼、氯氰菊酯或多杀菌素等喷雾。

3. 甘蓝夜蛾

甘蓝夜蛾（*Mamestra brassicae* Linnaeus），又名甘蓝夜盗虫、菜叶蛾、地蚕，属鳞翅目夜蛾科。杂食性害虫，可为害大田作物、果树、野生植物以及甘蓝、白菜、萝卜、菠菜、胡萝卜等多种蔬菜。

【形态特征】

成虫：体长10～25mm，翅展30～50mm。体、翅灰褐色，复眼黑紫色，前足胫节末端有巨爪。前翅中央位于前缘附近内侧有一环状纹，灰黑色，肾状纹灰白色。外横线、内横线和亚基线黑色，沿外缘有黑点7个，下方有白点2个，前缘近端部有等距离的白点3个。亚外缘线色白而细，外方稍带淡黑。缘毛黄色。后翅灰白色，外缘一半黑褐色。

卵：半球形，底径0.6～0.7mm，上有放射状的三序纵棱，棱间有1对下陷的横道，隔成1行方格。初产时黄白色，后中央和四周上部出现褐斑纹，孵化前变紫黑色。

幼虫：体色随龄期不同而异，初孵化时体色稍黑，全体有粗毛，体长约2mm。二龄体长8～9mm，全体绿色。一至二龄幼虫仅有2对腹足（不包括臀足）。三龄体长12～13mm，全体呈绿黑色，具明显的黑色气门线。三龄后具腹足4对。四龄体长20mm左右，体色灰黑色，各体节线纹明显。老熟幼虫体长约40mm，头部黄褐色，胸、腹部背面黑褐色，散布灰黄色细点，腹面淡灰褐色，前胸背板黄褐色，近似梯形，背线和亚背线为白色点状细线，各节背面中央两侧沿亚背线内侧有黑色条纹，似倒"八"字形。气门线黑色，气门下线为1条白色宽带。臀板黄褐色，椭圆形，腹足趾钩单行单序中带。

蛹：体长20mm左右，赤褐色，蛹背面由腹部第一节起到体末止，中央具有深褐色纵行暗纹1条。腹部第五至七节近前缘处刻点较密而粗，每刻点的前半部凹陷较深，后半部较浅。臀刺较长，深褐色，末端着生2根长刺，刺从基部到中部逐渐变细，到末端膨大呈球状，似大头钉。

甘蓝夜蛾幼虫　　　　　　　　　甘蓝夜蛾卵

【为害特点】 以幼虫为害作物的叶片，初孵化时的幼虫围在一起于叶片背面进行为害，白天不动，夜晚活动啃食叶片，而残留下表皮，到大龄时（四龄以后），白天潜伏在叶片下、菜心、地表或根周围的土壤中，夜间出来活动，暴食。严重时，往往能把叶肉吃光，仅剩叶脉和叶柄，吃完一处再成群结队迁移为害，包心菜类常常有幼虫钻入叶球并留下粪便，污染叶球，还易引起腐烂。

【发生规律】以蛹在土中滞育越冬。越冬蛹多在寄主植物本田、田边杂草或田埂下，第二年春季3—6月，当气温上升达15～16℃时成虫羽化出土，多不整齐，羽化期较长。成虫昼伏夜出，以上半夜为活动高峰，成虫具趋化性，对糖蜜趋性强，趋光性不强，雌蛾趋光性大于雄蛾，雌蛾一生交配1次，卵多产于生长茂盛叶色浓绿的植物上。卵单层成块位于中、下部叶背，每块60～150粒。一般雌蛾寿命5～10d，产卵500～1000粒，最多产卵3000粒。卵发育适温23.5～26.5℃，历期4～5d，三龄后分散为害，食叶片成孔洞，四龄后白天藏于叶背，心叶或寄主根部附近表土中，夜间出来取食，但在植物密度大时，白天也不隐藏。三龄后蛀入甘蓝、白菜叶球为害。四龄后食量增多，以六龄食量最大，占总食量的80%，为害最烈。幼虫发育最适温度20～24.5℃，历期20～30d。幼虫老熟后潜入6～10cm表土内作土茧化蛹，蛹期一般为10d，越夏蛹期约2个月，越冬蛹可达半年以上。甘蓝夜蛾喜温暖和偏高湿的气候，高温干旱或高温高湿对其发育不利。

【防控措施】

（1）农业防治。深耕晒垡，铲除杂草，清洁田园，人工摘除卵块和初龄幼虫为害的叶片。

（2）药剂防治。在低龄幼虫期，可喷施氯虫苯甲酰胺、氟虫双酰胺、茚虫威、甲维·虫酰肼、阿维菌素、乙基多杀菌素等。

4. 大菜粉蝶

大菜粉蝶除为害油菜外，也为害甘蓝、花椰菜、白菜等十字花科蔬菜。

【形态特征】见油菜大菜粉蝶。

【为害特点】幼虫取食叶片，严重时将叶吃光，仅留叶脉。

【防控措施】

（1）农业防治。及时清洁田园，降低残留的幼虫和蛹，减少下代虫源。避免十字花科蔬菜连作。用1%～3%过磷酸钙溶液在成虫产卵始盛期喷于菜粉蝶喜欢产卵的叶片上，可使菜株上着卵量减少50%～70%，并且有叶面施肥效果。

（2）生物防治。保护天敌，在寄生蜂盛发期，减少使用化学农药。

（3）药剂防治。在幼虫三龄前盛发期喷洒Bt乳

大菜粉蝶幼虫

剂，施药时间要根据预测预报，在防治适期前2～5d喷药，并且要避开强光照、低温、暴雨等不良天气。或在二龄幼虫高峰期前喷洒0.2%高渗阿维菌素可湿性粉剂，或0.5%印楝素乳油，或2.5%鱼藤酮乳油，或25%溴氰菊酯乳油，或20%氰戊菊酯乳油，或5%氯氰菊酯乳油。

5. 蒜蛆

蒜蛆是葱地种蝇（*Delia antiqua* Meigen）的幼虫，属双翅目花蝇科。其成虫（蝇）一般不会直接为害蔬菜，以幼虫为害蔬菜幼苗，幼虫蛀食萌动的种子或幼苗的地下组织，引致腐烂死亡。

【形态特征】

成虫：身体比家蝇小而瘦，体长6～7mm，翅暗黄色。静止时，两翅在背面叠起后盖住腹部末端。纵翅脉都是直的，且直达翅缘。

卵：乳白色，长椭圆形，稍弯曲，表面有网状纹。

幼虫：称蛆，幼虫老熟时体乳白色，头部退化，仅有1对黑色口钩。

蛹：椭圆形，红褐色或黄褐色。

【为害特点】蒜蛆以幼虫蛀食大蒜鳞茎，使鳞茎腐烂，地上部叶片枯黄、萎蔫，甚至死亡。拔出受害株可发现蛆蛹，被害蒜皮呈黄褐色腐烂，蒜头被幼虫钻蛀成孔洞，残缺不全，并伴有恶臭气味，被害株易被拔出并易拔断。

【发生规律】蒜蛆以蛹越冬。翌年春季开始由蛹羽化为成虫。成虫将卵产于蒜根周围的土缝或土块下甚至叶鞘内，卵经5～7d可孵化为幼虫，幼虫可爬向大蒜蛀食。成虫白天活动、多在日出或日落前后或阴雨天活动、取食。

蒜蛆为害状

【防控措施】

（1）农业防治。大蒜栽前施用充分腐熟的有机肥，用腐熟的饼肥作基肥，不仅可提高肥效，且可防止蒜蛆的发生。

（2）土壤处理。用1.1%苦参碱粉剂450～600g/hm²混入适量细土撒施后浇水。

（3）物理防治。蒜蛆发生期利用频振式杀虫灯诱杀成虫，控制其为害。

（4）药剂防治。成虫羽化产卵盛期采用甲氨基阿维菌素苯甲酸盐、阿维菌素、阿维·高氟氯或氯氟氰菊酯喷雾。发现幼虫时每亩选用50%辛硫磷乳油1 000倍液或15%阿维·辛硫磷乳油2～3kg灌根或喷淋假茎基部，可控制蒜蛆的进一步发生。

第十六章 温室蔬菜主要害虫

日光温室独特的气候条件和生态环境，加上常年单一种植生长期长、产量高、效益好的辣椒、黄瓜、番茄、茄子等蔬菜，为温室害虫提供了周年生活环境和嗜食作物。常见温室害虫主要有白粉虱、蚜虫、蓟马、红蜘蛛、斑潜蝇等。

1. 温室白粉虱

温室白粉虱（*Trialeurodes vaporariorum*），属半翅目粉虱科。繁殖力强，繁殖速度快，种群数量庞大，群聚为害，并分泌大量蜜露，严重污染叶片和果实，通常引起煤污病的大发生，使蔬菜失去商品价值。寄主植物达600种以上，包括多种蔬菜、花卉、牧草和木本植物等。

【形态特征】

成虫：体长1～1.5mm，淡黄色。翅面覆盖白色蜡粉，停息时双翅在体背合成屋脊状。

卵：长约0.2mm，侧面观长椭圆形，从叶背的气孔插入植物组织中。

若虫：三龄若虫体长约0.51mm，淡绿色或黄绿色，足和触角退化，紧贴在叶片上营固着生活。四龄若虫又称伪蛹，体长0.7～0.8mm，椭圆形，初期体扁平，逐渐加厚呈蛋糕状（侧面观），中央略高，黄褐色，体背有长短不齐的蜡丝，体侧有刺。

温室白粉虱成虫及为害状

【为害特点】温室白粉虱以刺吸式口器穿过植物的细胞间隙深入韧皮部取食，寄主植物被害后的症状多样。粉虱在吸食植物汁液的同时，还能分泌大量的蜜露，诱发霉污病，严重时叶片呈黑色，影响植物的光合作用，导致植物生长不良，大大降低了蔬菜的经济价值和观赏植物的观赏价值。

【发生规律】温室白粉虱的成虫有群集性，不善飞翔，趋黄色。成虫不善飞，有趋嫩性，喜欢群集于植株上部嫩叶背面吸食汁液，随着新叶长出，成虫不断向上部新叶转移，有自下向上扩散为害的垂直分布特点。最下部是蛹和刚羽化的成虫，中下部为若虫，中上部为即将孵化的黑色卵，上部嫩叶是成虫及其刚产下的卵。温室中，温室白粉虱1年可生10余代，世代重叠，以各虫态在温室越冬并继续为害。成、若虫聚集于寄主植物叶背刺吸汁液，使叶片褪绿变黄、萎蔫以至枯死。成、若虫所排蜜露污染叶片，影响光合作用，可导致煤污病，传播多种病毒。

【防控措施】

（1）物理防治。在温室设置黄板诱杀温室白粉虱成虫。

（2）药剂防治。粉虱发生较轻时，及时喷药，一定要喷在植株叶背面，动作尽量要轻、快，避免成虫受到惊动飞移。可选用药剂：啶虫脒、噻虫嗪、金龟子绿僵菌CQMa421、噻虫胺等。成虫消失后10d内再追施1次，以消灭新孵化若虫。

2. 蓟马

蓟马属缨翅目蓟马科，为害温室蔬菜的主要是西花蓟马（*Frankliniella occidentalis*）。主要吸食植物嫩叶，影响产量和品质。主要栖息于葫芦科、豆科、十字花科、茄科作物上。

【形态特征】成虫体黑色、褐色或黄色，前胸后缘有缘鬃。头略呈后口式，口器锉吸式，能锉破植物表皮，吸吮汁液；触角6～9节，线状，略呈念珠状，一些节上有感觉器；翅细长透明，边缘有长而整齐的缘毛，脉纹最多有两条纵脉；足的末端有泡状的中垫，爪退化；雌性腹部末端圆锥形，腹面有锯齿状产卵器，或呈圆柱形，无产卵器。

【发生规律】蓟马成虫怕强光，多在背光场所集中为害，阴天、早晨、傍晚和夜间才在寄主表面活动。蓟马喜欢温暖、干旱的天气，活动适温为23～28℃，适宜空气湿度为40%～70%；湿度过大不能存活，当湿度达到100%，温度达31℃时，若虫全部死亡。大雨后或浇水后致使土壤板结，使若虫不能入土化蛹，蛹不能孵化成虫。

| 蓟马成虫 | 蓟马对草莓的为害状 | 蓟马对茄子的为害状 |

【防控措施】

（1）物理防治。利用蓟马趋蓝色、黄色的习性，在田间设置蓝色、黄色粘虫板，诱杀成虫，粘虫板高度与作物持平。

（2）生物防治。释放斯氏钝绥螨、胡瓜钝绥螨等天敌昆虫。

（3）药剂防治。可选用药剂有螺虫乙酯、噻虫嗪等。

3. 茶黄螨

茶黄螨 [*Polyphagotarsonemus latus* (Banks)]，又名侧多食跗线螨、黄茶螨、嫩叶螨、白蜘蛛，属蜱螨目跗线螨科。杂食性，可为害30科70多种作物，主要为害茄果类、瓜类、豆类、西芹、白菜等蔬菜。

【为害特点】成、幼螨集中在寄主幼嫩部位刺吸汁液，尤其是尚未展开的芽、叶和花器。被害叶片增厚僵直，变小变窄，叶背呈黄褐色或灰褐色，带油状光泽，叶缘向背面卷曲，变硬发脆。幼茎受害后呈黄褐色至灰褐色，扭曲，节间缩短，严重时顶部枯死，形成秃顶。花器受害，花蕾畸形，严重时不能开花。幼果或嫩荚受害，被害处停止生长，表皮呈黄褐色，粗糙，果实僵硬，膨大后表皮龟裂，种子裸露，味苦不能食用，果柄和萼片呈灰褐色。

茶黄螨为害状

【形态特征】

成螨：雌螨体长约0.21mm，体躯阔卵形，腹部末端平截，淡黄至橙黄色，半透明，有光泽。身体分节不明显，体背部有1条纵向白带。雄螨体长约0.19mm，腹部末端圆锥形。前足体有3～4对刚毛，腹面后足体有4对刚毛。

卵：长约0.1mm，椭圆形，无色透明。卵表面有纵向排列的5～6行白色瘤状突起。

幼螨：长约0.11mm，近椭圆形，淡绿色。足3对，体背有1条白色纵带，腹末端有1对刚毛。

若螨：梭形，半透明。长约0.15mm，是一静止阶段，外面罩有幼螨的表皮。

【发生规律】每年发生几十代，有世代重叠现象，以成螨在土缝、蔬菜及杂草根际越冬。螨靠爬行、风力和人、工具及菜苗传带扩散蔓延，开始发生时有明显点片阶段。茶黄螨繁殖快，喜温暖潮湿，要求温度更严格，15～30℃发育繁殖正常，35℃以上卵孵化率降低，幼螨和成螨死亡率极高，雌螨生育力显著下降。保护地温暖潮湿对茶黄螨生长发育和繁殖有利。成螨十分活跃，且雄螨背负雌螨向植株幼嫩部转移。1头雌螨可产卵百余粒，卵多产在嫩叶背面、果实凹陷处及嫩芽上，卵期2～3d。雌雄以两性生殖为主，其后代雌螨多于雄螨。也可营孤雌生殖，但卵的孵化率低，后代为雄性。

【防控措施】

（1）农业防治。铲除棚室周围的杂草，收获后及时彻底清除枯枝落叶，消灭越冬虫源。

（2）药剂防治。植株受害时及时挑治，防止进一步扩展蔓延。喷药重点主要是植株上部嫩叶、嫩茎、花器和嫩果，并注意轮换用药。可选用甲氨基阿维菌素苯甲酸盐、阿维菌素或哒螨灵等喷雾防治。

4. 蚜虫

温室蔬菜蚜虫主要有萝卜蚜（*Lipaphis erysimi*）、桃蚜（*Myzus persicae*）和甘蓝蚜（*Brevicoryne brassicae*）。桃蚜为多食性害虫，寄主植物已知有300余种，除喜食十字花科蔬菜外，还为害茄子、辣椒、甜菜等。萝卜蚜和甘蓝蚜为寡食性害虫，萝卜蚜喜食叶面毛多而蜡质少的白菜、萝卜等；甘蓝蚜偏爱叶面光滑而蜡质多的甘蓝、花椰菜等。

【为害特点】主要以成虫、若虫密集在蔬菜幼苗、嫩叶、茎和近地面的叶背，刺吸汁液。由于发生代数多，繁殖量大，繁殖快，密集为害，其杀伤力很强，造成受害蔬菜严重失去水分和营养，轻则形成叶面皱缩、发黄，不能正常开花和结籽，植株矮小、提前老化、早衰，重则致使蔬菜出现严重

蚜虫成虫

缺水、营养不良、白菜不能正常包心或结球。蚜虫排泄的蜜露覆盖在植物表面，直接影响光合作用、呼吸作用和蒸腾作用，会诱发煤污病。此外还可以传播多种病毒，引起病毒病，造成更大的损失。

【形态特征】蚜虫为多态昆虫，同种有无翅和有翅之分，有翅个体有单眼，无翅个体无单眼。身体半透明。

有翅孤雌蚜：体长卵形，体长多数约2mm，宽0.64mm，黄色或黄绿色。触角圆圈形，罕见椭圆形，末节端部常长于基部，约与体等长。腹部圆筒状，基部宽，腹管黑色。

无翅孤雌蚜：体长卵形，体长约1.6mm，淡黄色至黄绿色。触角约为体长的0.7倍。腹管黑色，长圆筒形，为体长的0.2倍。

蚜虫为害黄瓜

蚜虫为害茄子

蚜虫为害辣椒

【发生规律】蚜虫的繁殖力很强，一年能繁殖10～30代，世代重叠现象突出。雌性蚜虫一生下来5d后就可以孤雌胎生4～5个小蚜虫，4～5d 1代。蚜虫体小而软，大小如针头，非常容易扩散，有的会通过通风进入室内，从最先发生的中心株向四周扩散为害，形成中心株。

【防控措施】

（1）农业防治。清洁田园，铲除杂草，减少虫源。

（2）物理防治。用黄色粘虫板诱杀成虫，或利用银灰色膜条驱赶蚜虫。

（3）保护和利用天敌。主要天敌有异色瓢虫、中华草蛉、食蚜蝇、蚜茧蜂等。

（4）药剂防治。可选用吡虫啉、啶虫脒、抗蚜威、吡蚜酮、阿维菌素、金龟子绿僵菌CQMa421等。蚜虫易产生抗药性，注意交替轮换用药。

5. 斑潜蝇

斑潜蝇，又称鬼画符，属双翅目潜蝇科。

【为害特点】成虫、幼虫均可为害，雌成虫飞翔可把植物叶片刺伤，进行取食和产卵，幼虫潜入叶片和叶柄为害，产生不规则蛇形白色虫道，虫道终端常明显变宽。叶片叶绿素被破坏，影响光合作用。受害重的叶片脱落，造成花芽、果实被灼伤，严重的造成毁苗或绝收。

斑潜蝇成虫及为害状

【形态特征】

成虫：体小，体长1.3～2.3mm，翅长1.3～2.3mm，体淡灰黑色，足淡黄褐色，复眼酱红色。

卵：椭圆形，乳白色，大小为（0.2～0.3）mm×（0.1～0.15）mm。

幼虫：蛆形，老熟幼虫体长约3mm。幼虫有3龄，一龄较透明，近乎无色；二至三龄为鲜黄或浅橙黄色，腹末端有1对圆锥形的后气门。

蛹：围蛹，椭圆形，腹面稍扁平，大小为（1.7～2.3）mm×（0.5～0.75）mm，橙黄色至金黄色。

【发生规律】成虫以产卵器刺伤叶片，吸食汁液。雌虫把卵产在部分伤口表皮下，卵经2～5d孵化，幼虫期4～7d。末龄幼虫咬破叶表皮在叶外或土表下化蛹，蛹经7～14d羽化为成虫。每世代夏季2～4周，冬季6～8周。世代短，繁殖能力强。上午10—11时活动最频繁，吸食花朵的蜜露，有强烈的趋黄性。

【防控措施】

（1）农业防治。清洁田园，将拔除的受害严重植株、摘除的有虫叶片及残枝落叶集中销毁或深埋。收获后彻底清理田园，消除虫源。

（2）物理防治。利用成虫的趋黄性，在植株顶端悬挂黄板，每亩悬挂25～30张。

（3）药剂防治。在成虫活动高峰和幼虫一至二龄期施药，隔7～10d再喷药1次，共防治2～3次。药剂可选择灭蝇胺、阿维·杀虫单、阿维菌素、溴氰菊酯、吡虫啉、噻虫嗪等。

第十七章　果树主要病虫害

青海省果树栽培集中分布在东部农业区，主要在黄河沿岸及湟水河中下游的川水地区，常年种植面积约10.58万亩，主要栽培种类有梨、杏、桃、苹果、核桃、樱桃等，普遍存在病虫害发生现象，病虫害有苹果腐烂病、干腐病、轮纹病、锈病、炭疽病、白粉病、苹小卷叶蛾、苹小吉丁虫、康氏粉蚧；梨腐烂病、黑星病、煤污病、梨木虱、梨小食心虫；樱桃叶斑病、流胶病、果蝇、桑白蚧、红颈天牛、红蜘蛛；桃细菌性穿孔病、桃小食心虫、瘤蚜、黄刺蛾等。

第一节　果树主要病害

1. 苹果腐烂病

苹果腐烂病又称苹果树腐烂病，俗称串皮湿、臭皮病、烂皮病。可导致苹果树整体树势凋零，树主干和枝干枯萎死亡，最后整株死亡，直至整个果园毁灭。

【病原】有性世代为苹果黑腐皮壳菌（*Valsa mali* Miyabe et Yamada），无性世代为壳囊孢菌（*Cytospora mandshurica* Miura），均属子囊菌亚门真菌。

【症状】苹果腐烂病有溃疡、枝枯2种类型。

溃疡型：在早春树干、枝树皮上出现红褐色、水渍状、微隆起、圆至长圆形病斑。质地松软，易撕裂，手压凹陷，流出黄褐色汁液，有酒糟味。后干缩，边缘有裂缝，病皮长出小黑点。潮湿时小黑点喷出金黄色的卷须状物。

苹果腐烂病溃疡型症状

苹果腐烂病枝枯型症状

枝枯型：在春季二至五年生枝上出现病斑，边缘不清晰，不隆起，不呈水渍状，后失水干枯，密生小黑粒点。

【发生规律】病菌在病树皮和木质部表层蔓延越冬。早春产生分生孢子，遇雨由分生孢子器挤出孢子角。分生孢子分散，随风周年飞散在果园上空，萌发后从皮孔、果柄痕、叶痕及各种伤口侵入树体，在侵染点潜伏，使树体普遍带菌。6—8月树皮形成落皮层时，孢子侵入并在死组织上生长，后向健康组织发展。翌春扩展迅速，形成溃疡斑。病部环缢枝干即造成枯枝死树。

【防控措施】

（1）农业防治。及时清园，清除果园内的病枝、落叶、落果、病果等，并集中进行销毁或掩埋。立秋后施有机肥，合理修剪，适量留果，增强树势，以提高抗病力。对修剪后的大伤口，及时涂抹油漆或动物油，以防止伤口水分散发过快而影响愈合。秋冬在树干上刷涂白剂，防止冻害。

（2）科学刮治。苹果腐烂病要做到周年预防，随时发现随时刮治，每年初春至秋季，认真对病斑进行检查，做到早发现早刮治，对已发病至木质部的病斑根据果树的粗细，刮面超出病斑病健交界处，纵向刮2～3cm，横向刮1cm，以刮掉变色的韧皮组织即可，然后使用3%腐殖酸钠溶液等进行涂擦，隔10～15d再涂擦1次，连用2～3次，也可使用药剂和泥巴进行封口，再使用塑料布包扎，彻底将病菌与外界隔离。

（3）药剂防治。苹果树发芽前对全株喷施药剂，可选用代森铵、吡唑醚菌酯、戊唑醇、辛菌胺醋酸盐、石硫合剂等。

2. 苹果轮纹病

苹果轮纹病又叫苹果粗皮病，主要为害苹果的枝干和果实，造成烂果或为害枝干削弱树势。

【病原】有性态为茶藨子葡萄座腔菌（*Physalospora pyricola* Nose.），无性世代为簇小穴壳菌（*Dothiorella gregaria* Sacc.），均属子囊菌亚门真菌。

【症状】

枝干受害：初期以皮孔为中心形成扁圆形红褐色病斑。病斑中央突起呈瘤状，边缘开裂。翌年病斑中央产生小黑点，边缘裂缝加深，翘起呈马鞍形，以病斑为中心连年向外扩展，形成同心轮纹状病斑，树皮开裂。

果实受害：初期以皮孔为中心形成水渍状、近圆形、褐色斑点，很快形成深浅相间的同心轮纹状病斑，向四周扩大，病部果肉腐烂，溢出茶褐色黏液。后期病斑表面形成很多小黑点，散生、不突破表皮。烂果多汁并伴有酸臭味，失水后干缩变成黑色僵果。

苹果轮纹病症状（王树桐提供）

【发生规律】病原菌以菌丝体、分生孢子器及子囊壳在被害枝干上越冬，菌丝在枝干病组织中可存活4～5年，春季通过菌丝体直接侵染或通过雨后产生的分生孢子侵染树干，枝干上的病菌为该病的主要传染源。果实从幼果期至成熟期均可被侵染，但是以幼果期为主，采果前为发病盛期。高温多雨或降雨早且频繁的年份发病重；管理粗放、挂果过多以及施肥不当，尤其是偏施氮肥的果园发病重；植株衰弱的植株、老弱枝干及老病园内补植的小树均易染病。

【防控措施】

（1）加强栽培管理，冬季及早春彻底清园，刮除粗翘皮和枝干病瘤，剪除病枝、僵果，并将其带出果园深埋或销毁，萌芽前可使用辛菌胺醋酸盐进行全园喷施。

（2）果实成熟期或采收时剔除病果深埋，严格选果，病果伤果不入库，贮藏温度在5℃以下，以1～2℃为最佳。

（3）药剂防治。在病菌孢子散发高峰期刮粗皮后，使用叶面肥和辛菌胺、甲基硫菌灵等涂干，具有杀菌和促新皮生长的效果。

3. 苹果锈病

苹果锈病，又名赤星病、苹桧锈病、羊胡子。

【病原】山田胶锈菌（*Gymnosporangium yamadae*），属担子菌亚门真菌。

【症状】主要为害叶片，也能为害嫩枝、幼果和果柄，还可为害转主寄主桧柏。叶片初患病正面出现油亮的橘红色小斑点，逐渐扩大，形成圆形橙黄色的病斑，边缘红色。发病严重时，一片叶出现几十个病斑。发病1～2周后，病斑表面密生鲜黄色细小点粒，即性孢子器。叶柄发病，病部橙黄色，稍隆起，多呈纺锤形，初期表面产生小点状性孢子器，后期病斑周围产生毛状的锈孢子器。新梢发病，刚开始与叶柄受害相似，后期病部凹陷、龟裂、易折断。幼果染病后，靠近萼洼附近的果面上出现近圆形

苹果锈病病叶正、反面（王树桐提供）

病斑，初为橙黄色，后变黄褐色，直径10～20mm。病斑表面也产生初为黄色、后变为黑色的小点粒，其后在病斑四周产生细管状的锈孢子器，病果生长停滞，病部坚硬，多呈畸形。嫩枝发病，病斑为橙黄色，梭形，局部隆起，后期病部龟裂。病枝易从病部折断。

【发生规律】病菌侵染桧柏小枝后，形成菌瘿，以菌丝体越冬。翌年降雨后菌瘿中涌出冬孢子角。冬孢子萌发生成小孢子——担孢子，又随风传播到苹果树上，侵入叶、果或嫩梢，先后形成性孢子器及锈孢子器。该菌生活史中少夏孢子阶段，一年中只发生一次侵染。锈孢子成熟后，随风传播到桧柏上，侵入小枝形成菌瘿，形成侵染循环。苹果锈病的流行与早春的气候密切相关，降雨频繁，气温较高易诱发此病流行。相反，春天干燥，虽降雨偏多，气温较低则发病较轻。

【防控措施】

（1）清除转主寄主。种植桧柏的地方，不宜发展苹果园，两者应相距至少5km；零星种植桧柏的建议将其从果园中移走，防止苹果锈病的发生。

（2）铲除越冬菌源。冬春检查桧柏菌瘿及"胶花"，发现后及时剪除，集中销毁。苹果发芽至幼果拇指盖大小时，在桧柏树上喷1～2波美度石硫合剂，全树喷药1～2次。

（3）喷药保护。从苹果展叶期开始，每隔10～15d喷布一次杀菌剂，连喷2～3次，保护叶片不受病菌侵染；或在大范围降水前，喷布1次以代森锰锌为有效成分的药剂，防止病菌在降雨过程中侵染。

（4）喷药治疗。4—5月，如果出现降水量超过5mm、持续时间超过12h的降雨，在降雨后的5d内喷施内吸性杀菌剂；在冬孢子角大量萌发，即柏树开花后5d内喷施内吸性杀菌剂；在苹果叶片刚开始发病，即出现针尖大小的红点时，立即喷施内吸性杀菌剂。常用的内吸性杀菌剂有氟硅唑、苯醚甲环唑、甲基硫菌灵、三唑酮、戊唑醇、丙环唑、腈菌唑等。

4. 苹果炭疽病

苹果炭疽病又名苦腐病、晚腐病，病菌除为害苹果外，还可侵染海棠、梨、葡萄、桃、核桃、山楂、柿、枣等多种果树以及刺槐等树木。

【病原】 有性态为围小丛壳（*Glomerella cingulata*），无性态为胶孢炭疽菌 [*Colletotrichum gloeosporioides* (Penz.) Penz.et Sacc.]，均属子囊菌亚门真菌。

【症状】 主要为害苹果树果实，也可侵染枝条、果台及衰弱枝等。果实受害，多从近成熟期开始发病，果实发病初期，果面可见针头大小的淡褐色小斑点，病斑呈圆形且边缘清晰，外有红色晕圈，随病情发展，病斑逐渐扩大呈褐色或深褐色，表面略凹陷或扁平，扩大后呈褐色至深褐色，圆形或近圆形，表面凹陷，果肉腐烂。腐烂组织向果心呈圆锥状，变褐，具苦味，与健果肉界限明显。病斑直径 1 ～ 2cm 时，病斑中心开始出现稍隆起呈同心轮纹状排列的小粒点，即病菌的分生孢子盘，粒点初为浅褐色，后期变为黑色，并能很快突破表皮。遇降雨或天气潮湿时溢出粉红色黏液（分生孢子团）。有时小黑点排列不规则，散生；有时小黑点不明显，只见到粉红色黏液。病斑在果实上数目多为不定，常几个至数十个，病斑可融合，条件合适时，病斑可扩展到果面的 1/3 ～ 1/2，有时病斑相连可导致全果腐烂。果实腐烂失水后干缩成僵果，脱落或挂在树上。

苹果炭疽病症状

【发生规律】 主要以菌丝体在枯死枝、破伤枝、死果台及病僵果上越冬，也可在刺槐上越冬。翌年苹果落花后，潮湿条件下越冬病菌可产生大量孢子，成为初侵染源。分生孢子借风雨、昆虫传播，从果实皮孔、伤口或直接侵入为害。病菌从幼果期至成果期均可侵染果实，但前期发生侵染的病菌由于幼果抗病力较强而处于潜伏状态，不能造成果实发病，待果实近成熟期后抗病力降低才导致发病，该病具有明显的潜伏侵染现象。近成熟果实发病后产生的病菌孢子（粉红色黏液）可再次侵染为害果实，该病在田间有多次再侵染。尤其在 7—8 月高温、高湿条件下，病菌繁殖快，传染迅速，即雨水越多、降雨时间越长，发病率越高。晚秋气温降低时发病减少，但感病果实仍继续发病。

【防控措施】

（1）农业防治。结合修剪，彻底剪除枯死枝、破伤枝、死果台等枯死及衰弱组织。发芽前彻底清除果园内的病僵果，尤其是挂在树上的病僵果。不要使用刺槐作果园防护林。选择果实套袋。增施农家肥及有机肥，增强树势，提高树体抗病能力，降低园内病菌数量。合理修剪，使树冠通风透光。

（2）药剂防治。发芽前，全园喷施 1 次铲除性药剂，可选择戊唑·多菌灵、铜钙·多菌灵、硫酸铜钙或代森铵等，铲除树上残余病菌，并注意喷洒刺槐防护林。生长季一般从落花后 7 ～ 10d 开始喷药，间隔 10d 左右喷 1 次，连喷 3 次，药后套袋。

5. 苹果白粉病

【病原】 白叉丝单囊壳菌 [*Podosphaera leucotricha* (Ell. et Ev.) Salm.]，属子囊菌亚门真菌。

【症状】 受害部位表面覆盖一层白色粉状物，为病菌的分生孢子梗和分生孢子。病芽干瘪尖细，灰褐色，少茸毛，鳞片松散，顶端张开，发芽晚，易干枯。从病芽发出的新梢、叶丛、花丛往往整个染病。病梢细弱，节间短，病叶狭小细长，质硬而脆，渐变褐色，叶缘向上卷曲，直立而不伸展，严重时早期落叶，影响树冠扩大和树体发芽。嫩叶染病，叶背病斑凹陷，对面鼓起，病叶皱缩扭曲，秋

苹果白粉病症状

季早期脱落。病花畸形，萎缩褪色，以至干枯，不能坐果。幼果多在花萼附近发病，果实长大后，白色粉斑脱落，形成网状锈斑。严重的病果，萎缩不长，易引起裂果脱落。后期在病梢叶腋和病叶主脉附近疤斑上发生很多密集的黑色小粒点，即病菌的闭囊壳。苗木发病初期，顶端叶片及嫩枝上发生灰白色斑块，病叶渐萎缩，变褐焦枯。

【发生规律】病菌以菌丝体潜伏在冬芽间或鳞片内越冬，顶芽、第一侧芽带菌率高于其他部位。春天冬芽萌发时，越冬菌丝开始活动，蔓延在嫩叶、花器、幼果及新梢外表，以吸器伸入寄主内部吸收营养，进入叶肉组织，产生大量分生孢子梗及分生孢子，使病部呈白粉状。白粉病孢子是初侵染源，病菌以气流传播，从气孔侵入。春季温暖干旱、夏季多雨凉爽、秋季晴朗有利于该病的发生和流行，连续下雨会抑制白粉病的发生。栽植密度过大、土壤黏重、肥料不足（特别是钾肥不足或偏施氮肥）、地势低洼、树冠郁闭、枝条细弱的果园发病较重。

【防控措施】

（1）农业防治。秋季摘完果要扫除病叶、杂草、落果，对果园进行深翻，集中销毁，有病斑的要及时刮除，并对刮除的地方进行石硫合剂喷涂，摘除病叶，剪除病梢。及时疏剪过密枝条，增加树冠通风透光率，提高果树抗病力。

（2）药剂防治。苹果树萌芽前，使用5波美度石硫合剂。花前及花后各喷一次杀菌剂。苹果花芽露红时喷第1次药，发病严重的果园落花后10～15d喷第2次药。常用药剂有15%三唑酮可湿性粉剂、12%烯唑醇可湿性粉剂、25%己唑醇悬浮剂、47%乙嘧·吡唑·丙水分散粒剂、70%甲基硫菌灵可湿性粉剂、50%多菌灵可湿性粉剂、15%三唑酮可湿性粉剂等。

6. 苹果干腐病

【病原】贝氏葡萄座腔菌（*Botryophaeria berengeriana* de Not.）和葡萄座腔菌（*Botryosphaeria dothidea*），均属子囊菌亚门真菌。

【症状】苹果干腐病多发生在主干、主枝、侧枝上，发病初期病斑表面湿润并流出红褐色黏液，病斑暗褐色，逐渐扩大失水干缩成稍凹陷的黑褐色病斑，在大树上病斑多呈椭圆形，在主枝或侧枝及幼树主干上多呈长条状不规则病斑，病斑和健皮交界处往往裂开。一般不烂到韧皮层，病皮组织坏死易剥落，严重时烂至木质部，秋季病斑上生出密集的黑色突起突破表皮（分生孢子器），小而密，这与腐烂病有明显区别。在小枝上发病，病斑紫褐色逐渐扩展，病部多烂到木质部使枝条枯死，后期病部密生黑色小突起。干腐病也可为害果实，病斑初期为黄褐色，在扩展过程中形成同心轮纹状病斑，后期密生黑色小突起，不规则。

【发生规律】病菌以菌丝体、分生孢子器及子囊壳在枝干发病部位越冬，第二年春季病菌产生孢子进行侵染。病菌孢子随风雨传播，经伤口侵入，也能从死亡的枯芽和皮孔侵入。病菌先在伤口死组织生长一段时间，再侵染活组织。干旱季节发病重，6—7月发病重，7月中旬雨季来临时病势减轻，果园管理水平低，地势低洼，肥水不足，

苹果干腐病症状

偏施氮肥，结果过多，导致树势衰弱时发病重；土壤板结瘠薄、根系发育不良病重；伤口较多，愈合不良时病重。苗木出圃时受伤过重或运输过程中受旱害和冻害的发病严重。

【防控措施】

（1）涂药。已出现的枝干伤口涂药保护，促进伤口愈合，防止病菌侵入，常用药剂有1%硫酸铜或5波美度石硫合剂加1%～3%五氯酚钠盐等。

（2）喷药。大树可在发芽前喷1：2：24倍式波尔多液2次。在病菌孢子大量散布的5—8月间，结合其他病害的防治，喷布50%多菌灵可湿性粉剂或50%甲基硫菌灵可湿性粉剂等3～4次，保护枝干、果实和叶片。

7. 梨煤污病

【病原】仁果黏壳孢［Gloeodes pomigena（Schw.）Colby］，属子囊菌亚门真菌。

【症状】病菌主要寄生在梨的果实或枝条上，有时也侵害叶片。果实染病在果面上产生黑灰色不规则病斑，在果皮表面附着一层半椭圆形黑灰色霉状物。其上生小黑点，为病菌分生孢子器，病斑初颜色较淡，与健部分界不明显，后色泽逐渐加深，与健部界线明显起来。果实染病，初只有数个小黑斑，逐渐扩展连成大斑，菌丝着生于果实表面，个别菌丝侵入果皮下层，新梢上也产生黑灰色煤状物。病斑一般用手擦不掉。

梨煤污病病叶

梨煤污病病果

【发生规律】病菌以分生孢子器在梨树枝条上越冬，翌春气温回升时，分生孢子借风雨传播到果面上为害，特别是进入雨季为害更加严重。此外树枝徒长，茂密郁闭，通风透光差发病重。树膛外围或上部病果率低于内膛和下部。

【防控措施】

（1）剪除病枝。落叶后结合修剪，剪除病枝集中销毁，减少越冬菌源。

（2）加强管理。修剪时，尽量使树膛开张，疏掉徒长枝，改善膛内通风透光条件，增强树势，提高抗病力。

（3）喷药保护。在发病初期，喷50%甲基硫菌灵可湿性粉剂、50%多菌灵可湿性粉剂、40%多·硫悬浮剂、50%苯菌灵可湿性粉剂或77%可杀得可湿性粉剂。间隔10d左右1次，共防2～3次。

8. 梨黑星病

梨黑星病又称疮痂病、梨雾病、梨斑病，是梨树上的主要病害。梨黑星病能侵染一年生以上枝的所有绿色器官，包括叶片、果实、叶柄、新梢、果台、芽鳞和花序等部位，主要为害叶片和果实。

【病原】梨黑星病菌（Venturia nashicola Tanaka et Yamamoto），属子囊菌亚门真菌。

【症状】能够侵染所有的绿色幼嫩组织，其中以叶片和果实受害最为常见。刚展开的幼叶最易感

梨黑星病症状

病，先在叶背面的主脉和支脉之间出现黑绿色至黑色霉状物，不久在霉状物对应的正面出现淡黄色病斑，严重时叶片枯黄、早期脱落。叶脉和叶柄上的病斑多为长条形中部凹陷的黑色霉斑，严重时叶柄变黑，叶片枯死或叶脉断裂。叶柄受害引起早期落叶。幼果发病，果柄或果面形成黑色或墨绿色的圆斑，导致果实畸形、开裂，甚至脱落。成果期受害，形成圆形凹陷斑，病斑表面木栓化、开裂，呈"荞麦皮"，病斑淡黄绿色，稍凹陷，上生稀疏霉层。枝干受害，病梢初生梭形病斑，布满黑霉。后期皮层开裂呈疮痂状。病斑向上扩展可使叶柄变黑。病梢叶片初变红，再变黄，最后干枯，不易脱落。

【发生规律】梨黑星病是一种流行性病害，以菌丝体和分生孢子在病芽鳞片上越冬，第二年发芽时，借雨水传播造成叶片和果实的初侵染；多雨年份或多雨地区易大发生，降雨早晚、降水量大小和持续天数是影响病害发展的重要条件。雨季早而持续期长，尤其是5—7月降水量特多，日照不足，空气湿度大，容易引起病害的流行。降雨早、降水量大，该病就提早流行。梨树过密或枝叶过多也会加重病情。地势低洼，树冠茂密，通风不良，树势衰弱，易发病。前一年发病重，田间菌量多的田块，发病重。

【防控措施】

（1）农业防治。清除落叶，及早摘除发病花序以及病芽、病梢等，加强肥水管理，适当疏花、疏果，控制结果量，保持树势旺盛，合理修剪，使树内膛通风透光。增施有机肥，排除田间积水，可增强树势，提高抗病力。

（2）药剂防治。梨树萌芽前喷施1～3波美度石硫合剂或用硫酸铜10倍液进行淋洗式喷洒，或在梨芽膨大期用0.1%～0.2%代森铵溶液喷洒枝条。梨芽萌动时喷洒保护剂预防，可选择药剂：80%代森锰锌可湿性粉剂、75%百菌清可湿性粉剂、30%碱式硫酸铜悬浮剂、70%甲基硫菌灵可湿性粉剂、50%多菌灵·代森锰锌可湿性粉剂、50%多·福（多菌灵·福美双）可湿性粉剂等；落花前、落花后幼果期、雨季前、梨果成熟前30d左右是防治该病的关键期，各喷施1次药，可用药剂有75%百菌清可湿性粉剂＋10%苯醚甲环唑水分散粒剂、62.5%代森锰锌·腈菌唑可湿性粉剂、65%苯醚甲环唑·甲基硫菌灵可湿性粉剂、10%苯醚甲环唑水分散粒剂或12.5%烯唑醇可湿性粉剂等。

9. 梨腐烂病

梨腐烂病又称烂皮病、臭皮病，是为害梨树的重要病害之一。

【病原】有性世代为苹果黑腐皮壳菌（*Valsa mali* Miyabe et Yamada），无性世代为壳囊孢菌（*Cytospora mandshurica* Miura），均属子囊菌亚门真菌。

【症状】有枝枯和溃疡两种症状。

枝枯型：多发生在衰弱的梨树小枝上，病斑形状不规则，边缘不明显，扩展迅速，很快包围整个枝干，使枝干枯死，并密生黑色小粒点。病树的树势逐年减弱，生长不良，如不及时防治，可造成全树枯死。

溃疡型：树皮初期病斑椭圆形或不规则形，稍隆起，皮层组织变松，呈水渍状湿腐，红褐色至暗褐色。以手压之，病部稍下陷并溢出红褐色汁液，此时组织解体，易撕裂，并有酒糟味。当空气潮湿时，从中涌出淡黄色卷须状物。果实受害，初期病斑圆形，褐色至红褐色软腐，后期中部散生黑色小粒点，并使全果腐烂。

梨腐烂病溃疡型症状　　　　　　　　　　梨腐烂病枝枯型症状

【发生规律】以子囊壳、分生孢子器和菌丝体在病组织上越冬，春天形成子囊孢子或分生孢子，借风雨传播，造成新的侵染。春季是病菌侵染和病斑扩展最快的时候，秋季次之。当果树受冻害、干旱、水肥条件不良等因素影响变弱时，病菌先在干、枝落皮层组织中扩展，向健康组织侵染，形成发病高峰。一年中春季盛发，夏季停止扩展，秋季再发生，冬季又停滞，出现两个高峰期。结果盛期管理不好，树势弱，水肥不足的易发病。

【防控措施】

（1）农业防治。增施有机肥，适期追肥，防止冻害，适量疏花疏果，合理间作，提高树势。合理负担，结合冬剪，将枯梢、病果台、干桩、病剪口等死组织剪除，减少侵染源。

（2）药剂防治。在梨树萌动之前，可以喷施5波美度石硫合剂。在梨树发芽前刮去翘起的树皮及坏死的组织，刮皮后结合涂药或喷药。可喷布50%福美双可湿性粉剂、70%甲基硫菌灵可湿性粉剂1份＋植物油2.5份、50%多菌灵可湿性粉剂1份＋植物油1.5份混合等。

10. 梨褐腐病

【病原】果生链核盘菌［*Monilinia fructigena*（Aderh. Et Ruhl.）Honey］，属子囊菌亚门真菌。

【症状】发病初期果面产生褐色圆形水渍状小斑点，后迅速扩大，几天后全果腐烂，围绕病斑中心渐形成同心轮纹状排列的灰白色至灰褐色2～3mm大小的绒球状霉团，即分生孢子座。病果果肉疏松，略具弹性，后期失水干缩为黑色僵果。病果大多早期脱落，少数残留树上。贮藏期病果呈现特殊的蓝黑色斑块。

梨褐腐病症状

【发生规律】病菌主要以菌丝体在树上僵果和落地病果内越冬，翌春产生分生孢子，借风雨传播，自伤口或皮孔侵入果实，潜育期5～10d。在果实贮运中，靠接触传播。在高温、高湿及挤压条件下，易产生大量伤口，病害常蔓延。果园积累病原多，近成熟期多雨潮湿，是该病流行的主要条件。病菌在0～35℃下均可生长，最适温度为25℃。

【防控措施】

（1）农业防治。及时清除病源，随时检查，发现落果、病果、僵果等立即拣出园外集中销毁或深理；早春、晚秋施行果园翻耕，将遗留在田间的病残果翻入土中。

（2）药剂防治。发病较重的果园花前喷3～5波美度石硫合剂或45%晶体石硫合剂30倍液。8月下旬至9月上旬喷药2次，药剂选用1：2：200波尔多液、45%石硫合剂晶体、70%甲基硫菌灵可湿性粉剂、50%多菌灵可湿性粉剂、50%苯菌灵可湿性粉剂、77%氢氧化铜可湿性粉剂。果库、果箱、果筐用50%多菌灵可湿性粉剂300倍液喷洒消毒，然后每立方米空间用20～25g硫黄密闭熏蒸48h。

（3）适时采收，减少伤口。严格挑选，去除病、伤果，分级包装，避免碰伤。贮窖保持1～2℃，相对湿度90%。

11. 樱桃叶斑病

【病原】杨柳炭疽菌（*Colletotrichum salicis*），属子囊菌亚门真菌。

【症状】主要表现为叶片上产生水渍状、近圆形的褐色斑点，斑点周围有紫红色晕圈，严重时病斑相互连接成不规则状，叶片失绿黄化，影响樱桃来年树势的生长。

【发生规律】樱桃叶斑病菌在地面上的落叶或病叶中越冬，翌年春天，气温回暖，借助气流、雨水或昆虫等落在新生的叶片上并穿透气孔进行侵染。

【防控措施】

（1）农业防治。加强果园冬季清园，清理病叶、落叶，减少越冬菌源。及时开沟排水，疏除过密枝条，改善樱桃园通风透光条件，避免园内湿气滞留。

樱桃叶斑病症状

（2）药剂防治。病斑初现时开始喷药防治，药剂可用代森锰锌、甲基硫菌灵、百菌清、苯醚甲环唑、丁子香酚等，每隔10d左右喷1次，防治2～3次。

12. 樱桃流胶病

【病原】葡萄座腔菌（*Botryosphaeria dothidea*），属子囊菌亚门真菌。

【症状】流胶主要是由于病原菌的侵入以及樱桃自身的营养代谢失调造成的。枝干受害后，表皮组织皮孔附近出现水渍状或稍隆起的疣状突起，用手按，略有弹性，后期"水泡状"隆起开裂，从中渗出胶液，初为淡黄色半透明稀薄而有黏性的软胶，树胶与空气接触后逐渐变为黄色至红褐色，呈胶胨状，干燥后，变成红褐色至茶褐色硬块，质地变硬呈结晶状，吸水后膨胀成为胨状的胶体。如果枝干出现多处流胶，或者病组织环绕枝干一周，将导致以上部位死亡。当年生新梢受害，以皮孔为中心，产生大小不等的坏死斑并流胶。果实发病时，果肉分泌黄色胶质，病部硬化，严重时龟裂。

樱桃流胶病症状

【发生规律】主要发生在主干和主枝上，以主干和三年生以上大枝受害较重，雨水飞溅也极易将病原菌传播到皮孔及伤口部位，从而使病原菌得以扩散。雾滴、雨水及灌溉水形成高湿度，是病菌侵染和繁殖的必要条件。叶痕、皮孔、碰掉的腋花芽处及受伤部位是主要侵染点，果实、果柄、木质化的组织等都可感染。流胶在整个生长期都有发生。春季树液开始流动，即有枝干流胶，雨季发病加重。

【防控措施】

（1）农业防治。增加有机肥，平衡施肥，注重微肥、菌肥、果树复合肥的施入。改善树体根际环境、增加土壤通透性、增强树势是减少流胶病发生的主要措施。合理整形修剪，冬季修剪易引起流胶病发生，应在早春萌芽前进行修剪，避免过多或疏除较大的枝，避免造成较大的剪锯口，剪锯口要涂上愈合剂，促进伤口愈合。彻底清园，刮除流胶硬块及其下部的坏死组织，剪除枯枝，清理落叶，集中销毁，减少病原菌。

（2）药剂防治。在施药前将坏死病部刮除，然后均匀涂抹一层药剂。在冬、春季用生石灰混合液、多菌灵、甲基硫菌灵或石硫合剂均有一定的效果。在生长季节，对发病部位及时刮治，用50%多菌灵可湿性粉剂100倍液涂抹病斑，然后用塑料薄膜包扎密封。

13. 桃细菌性穿孔病

细菌性穿孔病是桃树的主要病害，危害性大，除可侵染桃外，还可以侵染李、杏、樱桃、梅等核果类果树。

【病原】甘蓝黑腐黄单胞菌桃穿孔致病型 [*Xanthomonas campestris* pv. *pruni* (Smith) Dye.]，属革兰氏阴性细菌。

【症状】主要为害叶片，也能侵染果实和枝梢。在多雨年份或多雨地区，常造成叶片穿孔，引起大量早期落叶和枝梢枯死，影响果实正常生长或花芽分化发育，引起落花落果和品质变劣。

桃细菌性穿孔病症状

【发生规律】病原菌主要在枝梢的溃疡斑内越冬，第二年春随气温上升，从溃疡斑内流出菌液借风雨和昆虫传播，经叶片气孔和枝梢皮孔侵染引起当年初次发病。桃细菌性穿孔病的发生与气候、树势、管理水平及品种有关。温度适宜，雨水频繁或多雾、重雾利于病菌繁殖和侵染，发病重。大暴雨时细菌易被冲到地面，不利于其繁殖和侵染。一般年份在春、秋两季病情扩展较快，夏季干旱月份扩展缓慢。该病的潜育期与温度有关，气温25～26℃时，潜育期4～5d，20℃时，9d，19℃时，16d。树势强，发病轻且晚，病害潜育期可达40d；树势弱，发病早而重。果园地势低洼、排水不良、通风透光差、偏施氮肥的发病重，早熟品种发病轻，晚熟品种发病重。

【防控措施】

（1）农业防治。加强桃园管理，增强树势；结合冬季修剪剪除病枝，清除落叶，集中销毁。

（2）药剂防治。发芽期喷5波美度石硫合剂、3%中生菌素可湿性粉剂、20%噻森铜悬浮剂。发芽后喷1.5%噻霉酮悬浮剂、20%叶枯唑可湿性粉剂或95%机油乳剂：代森锰锌：水=10：1：500的混合液，除对细菌性穿孔病有效外，可兼防蚜虫、介壳虫、叶螨等。此外，还可用硫酸锌石灰液（硫酸锌0.5kg、熟石灰2kg、水120kg），15d1次，喷2～3次。

第二节 果树主要害虫

1. 桃小食心虫

桃小食心虫（*Carposina niponensis* Walsingham），又名桃蛀果蛾，属鳞翅目蛀果蛾科。幼虫蛀食苹果、桃、梨、梅、枣、杏、李、山楂、木瓜等果树，其中苹果、梨、枣受害较严重。

【形态特征】

成虫：体长5～8mm，前翅近前缘中部有一蓝褐色三角形大斑，基部及中央有7簇蓝黑色的斜立鳞毛。

卵：椭圆形，初产橙红色，渐变深红褐色，顶部环绕2～3圈Y状刺毛。

幼虫：体长约12mm，桃红色，头部褐色，前胸背板深褐色。

蛹：体长7mm左右，淡黄白色至黄褐色。外被丝茧。冬茧圆形，茧丝紧密；夏茧长纺锤形，茧丝松散。

【为害特点】幼虫蛀果后不久，从入果孔处流出泪珠状的胶质点，胶质点不久干枯，在入孔处留下一小片白色透明胶点，干后呈蜡质膜，此症状为该虫早期为害的识别特征。随着果实的生长，入果孔愈合成1个小黑点，周围的果皮略呈凹陷。幼虫入果后在果皮下潜食果肉，因而果面上显出凹陷的潜痕，使果实变形，称为"猴头果"。幼虫在发育后期，食量增加，在果内纵横潜食，排粪于果实内，造成所谓"豆沙馅"。

桃小食心虫幼虫及为害状

【发生规律】桃小食心虫1年发生1～2代，以老熟幼虫在土壤中结冬茧越冬，在树干周围1m范围内3～6cm土层中占绝大多数，出土化蛹盛期在5月下旬至6月中旬。当旬平均土温达到18～20℃时，幼虫开始出土，若此时遇雨，土壤含水量达10%以上时，雨后2～3d，出土顺利，若遇干旱，土壤含水量在5%以下，就可抑制幼虫出土，盛期推迟。若继续干旱，土壤含水量在3%以下时，幼虫几乎不能出土。成虫白天潜伏于枝叶背面和草丛中，傍晚飞翔活动，对灯光和糖醋液均无明显趋性，产卵多选择在凹陷、背阴的缝隙和多毛的部位，90%的卵都产在果实的萼洼处。

【防控措施】

（1）农业防治。越冬幼虫出土和脱果前，注意清除树冠下部杂草、覆盖物等，及时摘除虫果并集中处理。采取宽幅地膜、地布覆盖树盘，可有效阻止或降低越冬代成虫成功羽化产卵概率，效果良好。

（2）物理防治。①果实套袋。桃小食心虫发生期，及时摘除虫果，集中处理。在其成虫产卵前进行果实套袋处理，阻止幼虫钻蛀为害。②诱杀防控。悬挂性诱捕器等，可诱杀桃小食心虫成虫。

（3）药剂防治。初孵幼虫期，全株喷施甲维盐、氯虫苯甲酰胺、氰戊·马拉、毒死蜱、氰戊菊酯、阿维菌素、氟苯虫酰胺、灭幼脲等防治。在幼虫脱果期，喷施毒死蜱、阿维菌素、氯虫·高氯氟、杀灭菊酯、高效氯氰菊酯、溴氰菊酯、灭幼脲等防治。

2. 梨小食心虫

梨小食心虫（*Grapholita molesta* Busck），又称东方蛀果蛾、桃折心虫等，属鳞翅目小卷蛾科，幼虫可为害桃、杏、李、梨、苹果、樱桃、山楂、海棠等果树。

【形态特征】

成虫：体长5～7mm，全身灰褐色，无光泽，前翅前缘有10条白色斜短纹，但不及苹小食心虫明显，翅中央有一小白点，近外缘处有10个小黑斑点。

卵：0.5mm，椭圆形，扁平、中央稍隆起，乳白色、半透明，孵化前变黑褐色。

幼虫：低龄幼虫体白色，头部、前胸背板为黑色。老熟幼虫体长10～13mm，体淡红或粉红色，头部、前胸背板和胸足均为黄褐色，腹部末端有臀栉4～7个。

蛹：纺锤形，黄褐色，腹部背面有两排短刺。

【为害特点】梨小食心虫主要为害梨、桃、苹果，在桃和梨混栽的梨园为害较重。春季幼虫主要为害桃梢，夏季一部分幼虫为害桃梢，另一部分为害梨果，秋季主要为害梨果。桃梢被害，幼虫多从新梢顶端2～3片叶的叶柄基部蛀入，在蛀孔处有流胶及虫粪，不久新梢顶端萎蔫枯死。在梨果上为害，幼虫多从萼洼和梗洼处蛀入，前期入果孔很小，呈青绿色稍凹陷。幼虫蛀果后，边啃食边钻蛀，直达果心。入果孔外有虫粪，孔周围常变黑腐烂，俗称"黑膏药"。

【发生规律】1年发生3～4代，以老熟幼虫结成灰白色薄茧在树干老翘皮裂缝、土表层、剪锯口、石块下等处越冬。3月下旬开始化蛹，5月中下旬为羽化盛期。羽化后白天潜伏，傍晚活动，交尾产卵。

梨小食心虫为害嫩梢

梨小食心虫致新梢萎蔫枯死

梨小食心虫入果孔周围变黑腐烂

梨小食心虫幼虫蛀果

前期产卵于桃树上部嫩梢顶端下4、5个叶片背面主脉处。后期喜产卵于梨果肩部和胴部和桃的果沟附近，以味甜、皮薄、质细的酥梨和鸭梨品种落卵量最多。幼虫有转梢、转果为害习性，多自梢顶嫩叶叶柄基部开始，逐渐向下蛀食嫩梢髓部，当新梢表现枯焦时，幼虫已经转移。6月以前的第一、二代，主要为害桃、杏、李、樱桃等的新梢或根蘖、砧木及幼苗，尤其对桃树的趋性很强；一虫转害多梢，7月以后才转害果实，早熟品种常可避过其为害。成虫对黑光灯有一定的趋性，对糖醋液的趋性较强。

【防控措施】

（1）农业防治。果树休眠期刮除老皮、翘皮，剪除虫梢，集中销毁。

（2）物理防治。在果园安装振频式杀虫灯或每亩悬挂30～50根迷向丝或迷向胶条阻止成虫交尾产卵。

（3）药剂防治。在成虫产卵盛期，可用甲氰菊酯、溴氰菊酯、氯虫苯甲酰胺、高效氯氰菊酯等药剂进行喷雾防治，每隔10d喷施1次。

（4）提倡果实套袋。

3. 苹小卷叶蛾

苹小卷叶蛾 [*Adoxophyes orana* (Fischer von Röslerstamm)]，又名棉褐带卷蛾、苹小黄卷蛾，俗称舔皮虫，属鳞翅目卷叶蛾科。可为害梨、桃、山楂、苹果、杏、杨、刺槐、茶树、柑橘、蔷薇、悬钩子、樱桃、柳、忍冬、赤杨、大豆等。

【形态特征】

成虫：体长6～8mm。体黄褐色。前翅基部有褐色斑，前缘中部有1条斜向后缘的暗褐色斑纹，两端宽，中间窄，在末端开两叉呈倒Y形；翅端也有1条斜带，前缘宽，后细。

卵：扁平椭圆形，长径0.7mm，淡黄色，半透明，孵化前黑褐色，数十粒卵排列成鱼鳞状，多产于叶面、果面上。

幼虫：体长13～18mm，身体细长，头较小。低龄幼虫黄绿色，高龄幼虫翠绿色。

蛹：体长9～11mm，黄褐色，腹部背面每节有刺突两排，下面一排小而密，尾端有8根钩状刺毛。

【为害特点】幼虫为害果树的芽、叶、花和果实。低龄幼虫常将嫩叶边缘卷曲，以后吐丝缀合嫩叶；高龄幼虫常将2～3片叶平贴，或将叶片食成孔洞或缺刻，或将叶片平贴果实上，将果实啃成许多不规则的小坑洼。

【发生规律】以低龄幼虫在粗翘皮下、剪锯口周缘裂缝中结白色薄茧越冬。第二年苹果树萌芽后出蛰，金冠品种盛花期为出蛰盛期。幼虫爬到新梢嫩叶内，吐丝缠结幼芽、嫩叶和花蕾为害，长大后则多卷叶为害。成虫有趋光性和趋化性。昼伏夜出，对果醋和糖醋液都有较强的趋性。羽化后

苹小卷叶蛾幼虫及为害状

2～3d便可产卵，单雌产卵量百余粒，卵期6～8d。幼虫孵化后吐丝下垂而分散，先在叶背及主脉两侧吐丝结网，以后都转移果上啃食果皮。幼虫非常活泼，稍受惊动，即随风飘动转移为害。幼虫期15～20d，幼虫老熟后从被害叶片内爬出重新找叶，卷起居内化蛹。蛹期6～9d。苹果小卷叶蛾世代重叠现象严重，抗药性极强，吐丝缀叶成"虫包"，给防治增加了困难。

【防控措施】

（1）人工防治。休眠期刮除粗老翘皮及贴在枝干上的干叶，集中销毁。在苹果树生长季节，发现卷叶后，及时用手捏死其中的幼虫。

（2）物理防治。成虫发生期使用糖醋液、太阳能杀虫灯、诱虫带、迷向丝、性诱剂均能起到良好防效。

（3）药剂防治。越冬代幼虫出蛰期和以后各代卵孵化盛期至幼虫卷叶以前，选择高效氯氟氰菊酯、甲氰菊酯、氰戊菊酯、溴氰菊酯、甲维盐·高氯等喷雾防治。

4. 康氏粉蚧

康氏粉蚧 [*Pseudococcus comstocki*（Kuwana）]，属半翅目粉蚧科。可为害刺槐、苹果、梨、桃、李、杏、山楂等。

【形态特征】

成虫：雌成虫椭圆形，较扁平，体长3～5mm，粉红色，体被白色蜡粉，体缘具17对白色蜡刺，腹部末端1对几乎与体长相等。触角多为8节。腹裂1个，较大，椭圆形。肛环具6根肛环刺。臀瓣发达，其顶端生有1根臀瓣刺和几根长毛。多孔腺分布在虫体背、腹两面。刺孔群17对，体毛数量很多，分布在虫体背腹两面，沿背中线及其附近的体毛稍长。雄成虫体紫褐色，体长约1mm，翅展约2mm，翅1对，透明。

卵：椭圆形，浅橙黄色，卵囊白色絮状。

若虫：椭圆形，扁平，淡黄色。

蛹：淡紫色，长1.2mm。

【为害特点】若虫和雌成虫刺吸芽、叶、果实、枝叶及根部的汁液，嫩枝和根部受害常肿胀且易纵裂而枯死。幼果受害多成畸形果。排泄蜜露常引起煤污病发生，影响光合作用。

【发生规律】康氏粉蚧以卵及少数若虫、成虫在被害树树干、枝条、粗皮裂缝、剪锯口或土块、石缝中越冬。翌春果树发芽时，越冬卵孵化成若虫，食害寄主植物的幼嫩部分。第一代若虫发生盛期在5月中下旬，第二代若虫在7月中下旬，第三代若虫在8月下旬。9月产生越冬卵，早期产的卵也有的孵化成若虫、成虫越冬。雌、雄成虫交尾后，雌虫爬到枝干、粗皮裂缝或袋内果实的萼洼、梗洼处产卵。

康氏粉蚧为害状

产卵时，雌成虫分泌大量棉絮状蜡质卵囊，卵产于囊内，一头雌成虫可产卵200～400粒。

【防控措施】

（1）结合清园去除粗老翘皮，春季发芽前喷布3～5波美度石硫合剂或3%～5%柴油乳剂。注意喷洒树下土壤表面，消灭越冬的卵。

（2）保护和利用天敌昆虫。

（3）药剂防治。生长期防治主要抓住各代若虫孵化盛期，在若虫卵孵化盛期用药，此时蜡质层未形成或刚形成，对药物比较敏感。共有3个防治关键时期（花序分离到开花前、套袋前、套袋后半个月），可选择螺虫乙酯、啶虫脒、吡虫啉、甲氰菊酯、苦参碱、甲维盐·氯氰、噻虫嗪、阿维·螺虫乙酯等喷雾。

5. 苹果小吉丁虫

苹果小吉丁虫（*Agrilus mali* Mats.），又名苹果金蛀甲、串皮虫、扁头哈虫、旋皮虫，属鞘翅目吉丁虫科。

【形态特征】

成虫：体长5.5～10mm，全体紫铜色，有光泽。头部短而宽，前端呈截形，翅端尖削，体似楔状。

幼虫：体长15～22mm，体扁平。头部和尾部为褐色，胸、腹部乳白色。头大，大部入前胸。前胸特别宽大，中胸特别小。腹部第七节最宽，胸足、腹足均已退化。

卵：长约1mm，椭圆形，初产时乳白色，后逐渐变成黄褐色。卵产在枝条向阳面、粗糙有裂纹处。

【为害特点】 主要以幼虫钻蛀为害果树的树干和侧枝，幼虫孵化后在枝干表皮下活动取食，形成蜿蜒如线的隧道，后进入韧皮部，老龄幼虫在韧皮部和形成层串蛀，形成不规则虫道。随后进入木质部取食并建造蛹室，被害部位皮层枯死，表皮呈黑褐色，幼虫钻蛀的蛀孔处流出红褐色液体。苹果树受害后，轻者树势衰弱，重者干枯死亡。幼虫老熟后进入木质部化蛹，蛹期10～15d，蛹室为船型，羽化后在蛹室内停留8～10d，咬破树皮钻出，在树体上形成D形羽化孔。

苹果小吉丁虫致皮层枯死　　　　苹果小吉丁虫蛀孔处流出液体　　　　苹果小吉丁虫为害形成的隧道

【发生规律】 一般1年发生1代，以幼虫在被害处皮层下越冬。第二年3月中下旬幼虫开始串食皮层，造成凹陷、流胶、枯死等为害状。5月下旬至6月中旬是幼虫严重为害期，7—8月为成虫盛发期。成虫咬食叶片。成虫产卵盛期在7月下旬至8月上旬，卵产在枝条向阳面，初孵幼虫立即钻入表皮浅层，蛀成弯曲状不规则的隧道。随着虫龄增大，逐渐向深层为害。11月底开始越冬。

【防控措施】

（1）人工防治。利用成虫的假死性，人工捕捉落地的成虫；清除死树，剪除虫梢，于化蛹前集中销毁；人工挖虫，冬、春季节，将虫伤处的老皮刮去，用刀将皮层下的幼虫挖出，然后涂5波美度石硫合剂，既保护和促进伤口愈合，又可阻止其他成虫前去产卵。

（2）药剂防治。幼虫在浅层为害时，发现树干上有被害状，在其上用毛刷刷药即可，药剂可用

80%敌敌畏乳油10倍液、80%敌敌畏乳油用煤油稀释20倍液。发生严重的果园，在防治幼虫的基础上，在成虫羽化盛期连续喷药，药剂可选择20%杀灭菊酯乳油、90%敌百虫可溶粉剂或50%辛硫磷乳油等。

6. 桃瘤蚜

桃瘤蚜（*Tuberocephalus momonis*），又名桃瘤头蚜、桃纵卷瘤蚜，属半翅目蚜科，可为害桃、樱桃、李、苹果等果树和艾蒿等菊科植物。

【形态特征】有无翅胎生蚜和有翅胎生蚜之分。无翅胎生雌蚜体长2.0～2.1mm，长椭圆形，较肥大，体色多变，有深绿、黄绿、黄褐色，头部黑色。额瘤显著，向内倾斜。触角丝状6节，基部两节短粗。复眼赤褐色。中胸两侧有瘤状突起，腹背有黑色斑纹，腹管圆柱形，有覆瓦状纹，尾片短小，末端尖。有翅胎生蚜体长1.8mm，翅展约5mm，淡黄褐色，额瘤显著，向内倾斜，触角丝状6节，节上有多个感觉孔。翅透明脉黄色。腹管圆筒形，中部稍膨大，有黑色覆瓦状纹，尾片圆锥形，中部缢缩。

【为害特点】以成虫、若虫群集在叶背吸食汁液，以嫩叶受害为重，受害叶片的边缘向背后纵向卷曲，卷曲处组织肥厚，似虫瘿，凸凹不平，初呈淡绿色，后变红色；严重时大部分叶片卷成细绳状，最后干枯脱落，严重影响桃树的生长发育。

【发生规律】桃瘤蚜1年发生10余代，有世代重叠现象。以卵在桃、樱桃等果树的枝条、芽腋处越冬。次年寄主发芽后孵化为干母。群集在叶背面取食为害，形成上述为害状，大量成虫和若虫藏在虫瘿里为害，给防治增加了难度。5—7月是桃瘤蚜的繁殖、为害盛期。此时产生有翅胎生雌蚜迁飞到艾草等菊科植物上为害，晚秋10月又迁回到桃、樱桃等果树上，产生有性蚜，交尾产卵越冬。

桃瘤蚜为害状

【防控措施】

（1）农业防治。修剪虫卵枝，早春要对被害较重的虫枝进行修剪，夏季桃瘤蚜迁移后，要对桃园周围的菊科寄主植物等进行清除，并将虫枝、虫卵枝和杂草集中销毁，减少虫、卵源。

（2）物理防治。可以采用黄板诱杀，即利用蚜虫对黄色的正趋性，在果树树梢上或行间悬挂黄板，诱杀蚜虫。

（3）生物防治。保护和利用瓢虫、草蛉等天敌，适时释放。

（4）化学防治。芽萌动期至卷叶前为最佳防治时期。萌芽期，桃瘤蚜天敌较少，可喷5波美度石硫合剂；花露红时，喷施吡虫啉、高效氯氰菊酯；发生卷叶后，天敌较多时，选用内吸性强的农药，为避免卷叶而影响药效，应用氟啶虫酰胺等。

7. 梨木虱

梨木虱（*Cacopsylla chinensis* Yang et Li），属半翅目木虱科。

【形态特征】

成虫：分冬型和夏型，冬型体长2.8～3.2mm，体褐至暗褐色，具黑褐色斑纹。夏型成虫体略小，黄绿色，翅上无斑纹，复眼黑色，胸背有4条红黄色或黄色纵条纹。

卵：长圆形，一端尖细，具一细柄。

若虫：扁椭圆形，浅绿色，复眼红色，翅芽淡黄色，突出在身体两侧。

【为害特点】常造成叶片干枯和脱落，果实失去商品价值。梨木虱成虫、若虫均可为害，以若虫为害为主。幼虫多在隐蔽处为害，开花前后幼虫多钻入花丛的缝隙内取食为害，若虫有分泌黏液、蜜露或蜡质物的习性，虫体可浸泡在其分泌的黏液内为害，其分泌物还可借风力将两叶黏合在一块，若虫居内为害，若虫为害处出现干枯的坏死斑。雨水大时其分泌物滋生黑霉，污染果面和叶面，呈黑色。

梨木虱分泌黏液　　　　　　病菌趁机而入形成的黑霉　　　　　　梨木虱致大量落叶

【发生规律】越冬成虫出蛰盛期（花芽膨大期）在梨树发芽前即开始产卵于枝叶痕处，发芽展叶期将卵产于幼嫩组织茸毛内叶缘锯齿间、叶片主脉沟内等处。若虫多群集为害，在果园内及树冠间均为聚集型分布。若虫有分泌黏液的习性，在黏液中生活、取食及为害。直接为害盛期为5—7月，因各代重叠交错，全年均可为害；到7—8月，雨季到来，由于梨木虱分泌的黏液招致杂菌，在相对湿度大于65%时，发生霉变。致使叶片产生褐斑并坏死，造成严重间接为害，引起早期落叶。

【防控措施】

（1）农业防治。彻底清园，冬季刮掉老树皮；清除园内杂草、落叶。

（2）药剂防治。

①花芽膨大至花序分离初期。即越冬代成虫出蛰后交配、产卵高峰期是有效杀灭越冬成虫及其所产卵的关键期。往年梨木虱发生较重梨园，需在花芽露绿期和花序分离初期各喷药1次，可选择药剂以菊酯类为主，如高效氯氰菊酯、高效氯氟氰菊酯、联苯菊酯、溴氰菊酯等。

②落花80%时。有效防控第一代梨木虱若虫的关键期，此时梨木虱低龄若虫尚处于裸露阶段，虫体未被黏液完全覆盖，抗药力最低，且也是一年中发生最整齐的阶段，喷药1次即可。可选择药剂：阿维菌素、吡虫啉、啶虫脒、吡蚜酮、呋虫胺、烯啶虫胺、噻虫胺、噻虫嗪、螺虫乙酯、双丙环虫酯、氟啶虫胺腈等单剂，及阿维·螺虫酯、吡蚜·螺虫酯、吡蚜·呋虫胺、氟啶·啶虫脒、螺虫·噻嗪酮、噻虫·吡蚜酮、烯啶·吡蚜酮等复配制剂。

③落花后30～40d。即第一代成虫发生并交配产卵、第二代若虫初发期，也是相对发生比较整齐的一段时期，需喷药防控1～2次，间隔期7～10d。选用对梨木虱成虫、若虫均有效的药剂，如阿维·高氯、阿维·高氯氟、氟啶·联苯菊酯、高氯·吡虫啉、高氯·啶虫脒、联苯·噻虫胺、氯氟·吡虫啉、氯氟·啶虫脒、噻虫·高氯氟等。

8. 黄刺蛾

黄刺蛾（*Monema flavescens*），又名刺毛虫、毛八角、八角丁、洋辣子、刺角等，属鳞翅目刺蛾科。除为害葡萄、苹果、梨、枣、花椒外，还可为害30余种果树及林木。

【形态特征】

成虫：翅展29～39mm，体背黄色，腹部末端黄褐色；前翅内半部黄色，外半部黄褐色，翅面有两条暗褐色斜线在翅尖前汇合成V形，内侧1条为翅黄色与褐色区分界线。

幼虫：体黄绿色，身体自第二腹节起各节背面两侧各有1对枝刺，以第二、四、十腹节上的较大，枝刺上有黑色刺毛；体背有头尾紫褐色、中间蓝色的哑铃形斑纹。

蛹：椭圆形，质地坚硬，有灰褐色、白色相间条纹，形似麻雀蛋，贴附树干或树枝上。

黄刺蛾幼虫

【为害特点】初孵幼虫取食叶肉，使叶片呈网状；老龄幼虫取食叶片成缺刻，仅留叶脉。

【发生规律】1年1代，以老熟幼虫在茧内越冬。翌年5—8月成虫陆续羽化，其中以6月中旬至7月上旬为高峰。卵期6d左右。幼虫期30d左右。

【防治措施】

（1）物理防治。成虫羽化期使用诱虫灯诱杀。

（2）药剂防治。幼虫发生期可选择25%甲维·灭幼脲悬浮剂、3%甲维盐微乳剂、1.2%烟碱·苦参碱乳油等药剂喷雾防治。

9. 樱桃果蝇

目前，青海省樱桃果蝇有花翅小蝇、斑翅果蝇（铃木氏果蝇）（*Drosophila suzukii* Matsumura）等，属双翅目果蝇科，是樱桃常见害虫，以幼虫蛀食樱桃果实造成危害，防治不及时导致整个果园减产，严重影响商品质量和经济效益。

【形态特征】樱桃果蝇卵为白色，幼虫为乳白色，蛹为深红棕色，成虫多为红棕或者黄褐色。对生产造成危害最为严重的是斑翅果蝇，斑翅果蝇雌虫体长约3.3mm，其腹节背面有不间断的黑色条带，腹末具有黑色条纹，并且产卵器呈现明显的黑色锯齿状；雄虫体长约2.7mm，翅前缘顶角处有黑斑，前足第一跗节和第二跗节分别有一簇性梳。

【为害特点】樱桃果蝇主要为害大樱桃果实，成虫将卵产在大樱桃果皮下，卵孵化后，幼虫先在果实表层为害，然后向果心蛀食，随着幼虫的蛀食为害，受害果软化、果肉变褐腐烂。一般幼虫在果实内发育成老熟幼虫，然后咬破果皮脱果，脱果孔1mm大小。成虫飞行距离较短，多在背阴和弱光处活动，大部分时间栖息在杂草丛生的潮湿地里。

樱桃果蝇虫孔

樱桃果蝇为害状

斑翅果蝇成虫　　　　　　　　　花翅小蝇成虫

【发生规律】以蛹在土壤表层或烂果中越冬，翌年气温在20℃左右、地温在15℃时，成虫达到羽化高峰，樱桃果实完全成熟散发出来的甜味对成虫具有很强的吸引力，成虫多在草丛、靠近地面、弱光处和树上背光处活动。幼虫在果内一般经过5～6d老熟并咬破果皮脱果落地化蛹，蛹羽化为成虫后继续产卵繁殖下一代，有世代重叠现象。樱桃果实采收后，转向相继成熟的杏、桃、李等成熟果实或烂果为害，9月下旬，随气温下降成虫数量显著减少，10月下旬至11月初，老熟落地幼虫在土中或烂果上化蛹越冬。樱桃果实生长期遭遇低温多雨天气，果实皮层韧性降低，利于果蝇成虫产卵和幼虫孵化为害；果园管理粗放，通风透光条件差，果实生长后期缺钾肥、微量元素等，果实发育不良，表皮韧性下降，出现裂果，利于成虫产卵和幼虫为害。

【防控措施】

（1）农业防治。加强果园管理，及时中耕松土，科学修剪，改善通风透光条件，均衡营养，提高树势。秋末冬初彻底清园，并深翻园地，压低虫口基数。根据果蝇喜欢潮湿阴暗环境聚集的特点，消灭小水塘、平整土地、消灭杂草、清理落果及烂果等。

（2）物理防治。谢花后果实套袋，同时利用其成虫趋光性、趋色性和趋化性，悬挂杀虫灯、色板、性诱剂或食诱剂糖醋液等。

（3）生物防治。坐果初期、果实膨大期和果实着色期分别喷施白僵菌、绿僵菌、玫烟色拟青霉等病原菌，让果蝇幼虫和成虫感染，最终导致死亡。防治成虫以地面喷洒为主，防治幼虫以喷雾为主，药剂要布满整个果实表面。

（4）药剂防治。谢花后套袋前喷施一次高效氯氰菊酯等菊酯类药剂＋对氯苯氧乙酸或氯吡脲，有效杀灭幼龄幼虫，预防幼虫钻进果实。樱桃果实膨大着色至成熟前，对树冠内膛喷施甲氨基阿维菌素苯甲酸盐或选用胺氯菊酯熏烟剂熏杀成虫；在果蝇产卵期对果园地面及周边杂草丛生地块喷洒阿维菌素、辛硫磷等。

10. 红蜘蛛

红蜘蛛又叫叶螨，属蜱螨目叶螨科，繁殖能力十分强，是为害果树的主要害虫，常见的是山楂叶螨（*Tetranychus viennensis* Zacher）。可为害苹果、梨、桃、杏、樱桃等，严重影响果树的产量和果品的质量。

【形态特征】

成螨：体近梨形，紫红色，足4对，背上有瘤状突起，并长有白色刚毛。

卵：扁球形，红色。

幼螨：足3对，体近圆球形，淡红色。

【为害特点】以若螨、幼螨、成螨刺吸果树的叶片和花蕾，被害叶片初期出现灰白色失绿斑点，逐渐变成褐色，严重时叶片焦枯脱落，也可为害幼果。

【发生规律】以成螨在老叶上越冬。春季气温上升，果树树芽开始萌动，万物复苏，红蜘蛛的为害也逐渐进入活跃期。气温越高对红蜘蛛的繁殖越有利，红蜘蛛繁殖快，移动范围小。气温在30℃左右时，完成1个世代需要2周左右。气温较低时，卵孵化时间变长，完成1个世代需要2个月左右。红蜘蛛一次能产卵50粒左右，防治难度大。同一片叶上可同时出现幼螨、若螨、成螨不同虫态，果树的叶片反面居多。红蜘蛛在温度适宜时，可以世代重叠发生。其发生与气候、果园管理等因素有关，在干旱、高温的条件下易于暴发。

【防控措施】

（1）农业防治。合理施肥、浇水，保持果园内的土壤湿润和养分充足，有助于果树生长健壮，提高对红蜘蛛的抵抗力。同时，定期修剪果树，清除病弱枝条和过密的叶片，改善果园的通风透光条件，也有助于减少红蜘蛛的滋生和繁殖。

红蜘蛛为害状

（2）果园种草。营造一个天敌栖息取食的场所，可采用"生草法"留取良性杂草，或人工种植紫花苜蓿、白叶三草、百喜草等。

（3）保护和利用天敌。红蜘蛛天敌有食螨瓢虫、草蛉、植绥螨、草间小黑蛛、大赤螨等，也可人工释放天敌，如购买天敌卵或幼虫，将其放置在果园内，以增加天敌的种群密度。

（4）物理防治。果实套袋可有效保护果实免受红蜘蛛的为害，也有助于减少农药的使用量。

（5）药剂防治。发芽前结合防治其他害虫可喷洒3～5波美度石硫合剂或45%石硫合剂晶体20倍液、含油量3%～5%的柴油乳剂，特别是刮皮后施药效果更好。花前是药剂防治叶螨和多种害虫的最佳施药时期，可选用0.3～0.5波美度石硫合剂或45%石硫合剂晶体300倍液进行防治。

11. 桑白蚧

桑白蚧（*Pseudaulacaspis pentagona*）简称桑蚧，又称桑白盾蚧、桑盾蚧、桃白蚧、树虱子，属半翅目盾蚧科，是桃、樱桃、李等核果类果树的重要害虫。

【形态特征】

成虫：雌虫直径2～2.5mm，橙黄色，介壳白色或灰白色，近圆形，雄虫体长约1mm，橙黄或橙红色，介壳白色或灰白色，有前翅1对。

卵：椭圆形，橙色或淡黄褐色。

若虫：淡黄褐色，扁椭圆形。

蛹：橙黄色，长椭圆形，表面附有蜡壳。

【为害特点】以成虫和若虫群集固定在枝条和果实上吸食汁液，造成枝条长势衰弱、发芽不整齐，发生严重时枝条被虫覆盖，重叠成层，形成一层白色蜡质物，排泄的黏液污染树体，如油渍状。受害枝条表面凹凸不平，树势削弱甚至枯死，果面受害，产生大量小红点，影响果品的经济价值。

【发生规律】以受精雌成虫在枝条上越冬，每雌可产卵400

桑白蚧为害状

粒，卵期约10d。桑白蚧蔓延速度较快，会从刚开始的局部或单株为害慢慢延伸至全果园。果园发生此虫后，若不及时采取有效措施进行防治，一般3～5年可将整个果园毁坏。雄性有翅，能飞，交尾后很快死亡，但雌虫终生寄居在枝干上。苗木或接穗带虫是桑白蚧传播的重要原因。

【防控措施】

（1）生物防治。桑白蚧的天敌主要有红点唇瓢虫、寄生蝇、黑缘红瓢虫、异色瓢虫、深点食螨瓢虫、软蚧蚜小蜂和丽草蛉等，创造利于天敌昆虫生育繁殖和生长发育的条件，以抑制桃园桑白蚧的发生和为害。

（2）化学防治。药剂可选用螺虫乙酯、石硫合剂等，可兼治红蜘蛛、蚜虫、梨木虱、粉虱、蓟马等刺吸式口器害虫。

12. 桃红颈天牛

桃红颈天牛（*Anomia bungii*），属鞘翅目天牛科。是桃、樱桃、杏、李、梅等果树的重要蛀干害虫。

【形态特征】

成虫：体长28～37mm，黑色、有光泽。前胸大部分棕红色或全部黑色，背有4个瘤状突起，两侧各有一刺突。雄虫体小、触角长。

卵：长6～7mm，长圆形，乳白色，形似大米粒。

幼虫：体长50mm左右，低龄幼虫乳白色，高龄幼虫黄白色。前胸背板扁平、长方形，前缘黄褐色，后缘色淡。

蛹：体长25～36mm，淡黄白色，裸蛹，前胸两侧和前缘中央各有突起1个。

【为害特点】 幼虫钻蛀树干皮层和木质部形成不规则的隧道，影响树液输导，蛀空树干，使树势衰弱，甚至造成死亡。蛀孔外排有大量红褐色虫粪及木屑，堆积在树干基部地面，较易发现。

桃红颈天牛成虫　　　　　　　　桃红颈天牛幼虫及为害状

【发生规律】 2～3年发生1代。幼虫在树干隧道内越冬。幼虫跨两年老熟，幼虫孵化后头向下蛀入韧皮部，先在树皮下蛀食，经过停育过冬，翌春继续向下蛀食皮层，至7—8月当幼虫长到体长30mm后，头向上往木质部蛀食。再经过冬天，到第三年5—6月老熟化蛹，蛹期10d左右。6—7月成虫羽化后，先在蛹室内停留3—5d，然后钻出，经2～3d交配。卵多产在主干、主枝的树皮缝隙中，以近地面33cm范围内较多。卵期8d左右。幼虫一生钻蛀隧道总长50～60cm。成虫无明显趋光性，受触动时体内放出异臭。受害重的树体内，常有各龄幼虫数十头。

【防控措施】

（1）农业防治。适当稀植，通风透光，增施有机肥，科学施用氮、磷、钾肥，合理疏花、疏果，减少树体损伤，增强树势，以提高树体抗虫能力。刮除高龄树的粗糙树皮及翘皮，保持枝干光洁，防止树皮裂缝，阻止桃红颈天牛产卵。及时清除枯死枝，砍伐虫口密度大、已失去结果能力的衰老树，以及受害严重不能恢复生机、死亡的树木，并销毁，以减少虫源。

（2）物理防治。利用桃红颈天牛对榆树的强趋性，在果园周围种植榆树，6—8月进行修剪，剪口流胶可引诱大量红颈天牛，再进行捕杀。4—5月成虫羽化前，在树干和主枝上涂刷涂白剂。把树皮裂缝、空隙涂实，防止成虫产卵。利用桃红颈天牛惧怕白色的习性，在6月上旬成虫产卵前，用涂白剂涂刷桃树枝干，使成虫不敢停留在主干与主枝上产卵。涂白剂配方为生石灰10份、硫黄（或石硫合剂渣）1份、食盐0.2份、动物油0.2份、水40份（可加入牛胶或敌百虫），或用当年的石硫合剂渣涂刷枝干。夏季高温天气中午、下午，成虫多静息在大枝、主干处，可振落捕捉。幼虫孵化后，经常检查枝干，发现虫粪时，即将皮下的小幼虫用铁丝钩杀，或用接枝刀在幼虫为害部位顺树干纵划2～3道杀死幼虫。

（3）药剂防治。用具有熏蒸作用的樟脑球塞入蛀道，用湿泥封闭排粪孔。

第十八章　地下害虫

地下害虫指的是一生或一生中某个阶段生活在土壤中，为害植物地下部分、种子、幼苗或近土表主茎的杂食性昆虫。土壤是地下害虫栖息、繁殖和生存的场所。青海省地下害虫主要有蛴螬、金针虫、地老虎、蝼蛄等，其食性杂、分布广、为害重。农作物从播种到收获的整个生育期都可遭到地下害虫为害，它们不仅啃食农作物种子、幼苗、根、茎，还可为害果树及林木。作物受害后轻者萎蔫，生长迟缓，重者干枯而死，造成缺苗断垄，以致减产。近年来随着农作物套种和复种推广面积的扩大，以及全球气候变暖，地下害虫数量增多，为害加重。

① 蝼蛄

青海省蝼蛄主要有两种，非洲蝼蛄（*Gryllotalpa africana* Palisot de Beauvois）和华北蝼蛄（*Gryllotalpa unispina*），均属直翅目蝼蛄科。

【形态特征】非洲蝼蛄雄成虫体长28～32mm，雌成虫体长32～34mm，身体灰褐色，密被黄色细毛，头梯形，喙粗短圆形。触角节膝状鞭节，前胸背板盾形，具多粒状突起鳞毛，中间由微细毛组成纺锤形区。前翅较短，灰褐色或黄褐色，仅达腹部中部，后翅较长，纵卷成条，超过腹部末端。腹末具1对尾须。前足为开掘足，后足胫节背面内侧有3～4个能运动的棘刺。

蝼蛄成虫

【为害特点】成虫、若虫均在土中活动，取食播下的种子、幼芽或将幼苗咬断致死，受害的根部呈乱麻状。由于蝼蛄的活动将表土层窜成许多隧道，使苗根脱离土壤，致使受害苗因失水而枯死。

【发生规律】非洲蝼蛄在青海省1年发生1代，以成虫或若虫在土穴内越冬。翌年4月开始活动取食，以小麦苗期至抽穗前为害最重。成虫于5月下旬至7月中旬交尾后，在土内做室产卵，每室产卵30～50粒。卵室在25～30cm深的土内，每雌一生可产卵200粒，卵期3～4周。

【防控措施】见拟步甲。

2. 蛴螬

蛴螬是鞘翅目金龟甲科幼虫的总称，成虫通称金龟甲或金龟子。主要种类有小云斑鳃金龟（*Polyphylla gracilicornis* Blanchard）、云斑鳃金龟（*Polyphylla laticollis* Lewis）和黑绒鳃金龟（*Serica orientalis* Motschulsky）。小云斑鳃金龟各地普遍发生，云斑鳃金龟和黑绒鳃金龟在部分川水和半浅半脑局部地区发生。

【形态特征】

小云斑鳃金龟：成虫体长25～29mm，宽约15mm，长椭圆形，茶褐色。触角10节，雄虫鳃片部长大；雌虫则短小。鞘翅茶褐色，有3条不明显的纵隆线及刻点，密布不规则的云斑鳞片。幼虫体长37～47mm，呈马蹄形弯曲，全身生有褐色细毛。头橙黄色或黄褐色，头顶刚毛每侧3根。胴部13节，其中11节淡黄色，尾端2节灰色。胸足3对，有棕色细毛。气门9对，橙黄色。

云斑鳃金龟：体长比小云斑鳃金龟稍大，鞘翅黑褐色。幼虫头顶刚毛，每侧5根以上。其他形态与小云斑鳃金龟基本相似。

黑绒鳃金龟：成虫体长7～9mm，宽4～5mm，卵圆形，黑色。触角赤褐色，9节，其中3节鳃叶状，雄虫的细长，呈线形，雌虫的短粗，中部膨大，侧视椭圆形。鞘翅上具天鹅绒光泽，并具刻点及细毛。幼虫体长15mm左右，弯曲呈马蹄状，全身有黄褐色刚毛。头部梨状，头盖黄褐色。胴部乳白色。肛门开口于末端，裂口呈倒Y形，四周密布刚刺。

小云斑鳃金龟成虫　　　　　云斑鳃金龟成虫　　　　　黑绒鳃金龟成虫　　　　　蛴螬幼虫

【为害特点】

小云斑鳃金龟：以幼虫为害，咬食豆类、麦类、油菜、胡麻、马铃薯、瓜类等农作物及果树、树木幼苗的地下或地上近地面部分，造成作物枯死或品质、产量下降，整个生长季节都取食。

云斑鳃金龟：为害松、云杉、杨、柳、榆等林、果及多种农作物，幼虫食害幼苗的根，使苗木枯萎死亡，成虫啃食林木幼芽嫩叶。

黑绒鳃金龟：成虫喜食豆科牧草，为害蔷薇科果树，各种农作物及十字花科等农作物，幼虫为害寄主植物幼嫩根部，咬食农作物地下组织，但为害不大。

【发生规律】

小云斑鳃金龟：4年发生1代，以幼虫在土壤中越冬，幼虫期4年，蜕皮两次，共3个龄期。越冬后的一龄幼虫于6月上旬开始蜕皮，8月上旬终止；二龄幼虫期1年，在土内越冬，翌年6月上旬开始蜕皮，8月上旬终止；三龄幼虫期2年，贪食，第三年5月开始化蛹，平均蛹期29d，6月羽化，成虫出土即交配，交配完成雌虫入土，6月下旬开始产卵，单粒散产，产卵量平均为26粒，多产于

15cm耕作层的卵室中，多数雌成虫产卵后2～3d死亡。成虫不取食，雄虫有极强的趋光性，雌虫的趋光性极弱。土层深厚、富含有机质及含水量适宜的地块发生较重。

云斑鳃金龟：3～4年发生1代，以幼虫在土中越冬。当春季土温回升至10～20℃时幼虫开始活动，6月老熟幼虫在土深10cm左右处做土室化蛹，7—8月间成虫羽化。成虫有趋光性，白天多静伏，黄昏时飞出活动。产卵多在沿河沙荒地、林间空地等沙土腐殖质丰富的地段。

黑绒鳃金龟：1年发生1代，以成虫或幼虫于土中越冬，5月上旬开始出土，6月中旬为出土盛期，6月下旬为交尾盛期，7月上旬为产卵盛期，7月中下旬卵大量孵化，老熟、化蛹，9月下旬羽化为成虫，成虫不出土，在羽化原处越冬。以幼虫越冬者，次年5月化蛹、羽化出土。成虫于6—7月交尾产卵。卵孵后在耕作层内为害至秋末下迁，以幼虫越冬，次春化蛹羽化为成虫。

【防控措施】见拟步甲。

3. 金针虫

金针虫为鞘翅目叩头虫科的幼虫。常见种类为细胸金针虫（*Agriotes fuscicollis* Miwa）、沟金针虫（*Pleonmus canaliculatus* Faldermann）和褐纹金针虫（*Melanotus caudex* Lewis）。以细胸金针虫分布最广，各地均有发生，为害最重，其次为沟金针虫，以浅山地较重。

【形态特征】

细胸金针虫：成虫体长8～9mm，宽2.5mm，暗褐色，密被灰色短毛，并有光泽。触角红褐色，第二节球形。前胸背板略呈椭圆形，长大于宽，后缘角伸向后方。鞘翅上有9条纵列刻点。足赤黑色。

沟金针虫：成虫栗褐色。雌虫体长14～17mm，宽约5mm；雄虫体长14～18mm，宽约3.5mm。体扁平，全体被金灰色细毛。头部扁平，头顶呈三角形凹陷，密布刻点。足浅褐色，雄虫足较细长。幼虫初孵时乳白色，头部及尾节淡黄色，体长1.8～2.2mm。老熟幼虫体长25～30mm，体形扁平，全体金黄色，被黄色细毛。头部扁平，口部及前头部暗褐色，上唇前线呈三齿状突起。由胸背至第八腹节背面正中有一明显的细纵沟。尾节黄褐色，其背面稍呈凹陷，且密布粗刻点，尾端分叉，内侧各有一小齿。

细胸金针虫：幼虫淡黄色，光亮。老熟幼虫体长32mm，宽1.5mm。头扁平，口器深褐色，尾长圆锥形，近基部两侧各有1个褐色圆斑和4条褐色纵纹，顶端具1个圆形突起。

【为害特点】金针虫的成虫在地上部分活动时间不长，只能吃一些禾谷类和豆类等作物的绿叶，并无严重为害，而幼虫长期生活于土壤中，可为害很多种植物。为害刚播种的种子，使胚乳不能发芽；为害根须使幼苗枯死。并且能蛀入幼苗茎中，造成缺苗断垄。成株期为害，引起作物生长发育不良。

金针虫为害状

【发生规律】细胸金针虫2～3年完成1代，以幼虫在土中越冬。6月为成虫出现盛期，晚间出土活动，食害小麦和青稞等禾本科植物叶片，为害甚轻。喜在小麦根部产卵，深约3～9cm，散产。卵期2～3周。幼虫在土中钻动很快，喜欢垂直活动，喜湿润，耐低温，以土温7～13℃时活动最盛，17℃以上即钻入深层土壤。

沟金针虫3年完成1代；第一、二年以幼虫越冬，第三年以成虫越冬。田间幼虫发育不整齐，世代重叠严重。老熟幼虫8月上旬至9月上旬先后化蛹，化蛹深度以13～20cm土中最多，蛹期16～20d，成虫于9月上中旬羽化。雌虫行动迟缓，不能飞翔，有假死性，无趋光性；雄虫出土迅速，活跃，飞翔力较强，有趋光性。成虫交配后，将卵产在土下3～7cm深处。卵散产，一头雌虫产卵可达200余粒，卵期约35d。雄虫交配后3～5d即死亡，雌虫产卵后死去，成虫寿命约220d。

【防控措施】见拟步甲。

4. 地老虎

地老虎属鳞翅目夜蛾科，俗称黑软虫、土蚕等。主要种类有：小地老虎（*Agrotis ypsilon* Rottemberg）、黄地老虎（*Euxoa segetum* Denis et Schiffermüller）和八字地老虎（*Amathes c-nigrum* Linnaeus）。

【形态特征】

小地老虎：成虫体长16～23mm，翅展42～54mm，灰褐色。触角雌蛾丝状，雄蛾基部双栉齿状，端部丝状。前翅上有两对横纹，将翅分为三部分，基部灰黄色，端部黑褐色，中部灰褐色；肾状纹、环形纹、棒形纹都有一黑边。肾状纹外有一明显的三角形黑斑。后翅灰白色。幼虫头部暗褐色，体黑褐色，体表有大小间杂的颗粒，背面有淡色纵带。

小地老虎幼虫　　　　　　　黄地老虎幼虫

八字地老虎：成虫体长11～13mm，翅展29～36mm；前翅灰褐色略带紫色，肾状纹前方有2个黑点，中室黑色，前缘起有1个淡褐色三角形斑。幼虫头黄褐色，有1对"八"字形黑褐色斑纹，体黄色至褐色，背、侧面满布褐色不规则花纹，体表较光滑，无颗粒。

黄地老虎：成虫体长14～19mm，前翅黄褐色，后翅白色，肾状纹外无黑斑。黄地老虎体表无明显颗粒，无皱纹，肾形纹、环形纹和楔形纹均甚明显，臀板上有两块黄褐色斑。老熟幼虫体长33～43mm，体黄褐色，体表颗粒不明显，有光泽，多皱纹。腹部背面各节有4个毛片，前方2个与后方2个大小相似。臀板中央有黄色纵纹，两侧各有1个黄褐色大斑。

【为害特点】食性杂，为害麦类、玉米、马铃薯、果树及蔬菜等作物幼苗。一至三龄幼虫昼夜均在地面植株上活动取食，叶片被咬成小孔或缺刻，四龄后，食量激增，白天潜伏土中，夜出为害，常将幼苗贴近地面处咬断，拖入土穴内，或将食剩的茎叶留于地面。清晨发现为害状时，拨开附近表土，可捉到蜷伏的幼虫。

【发生规律】

小地老虎：在青海省1年约发生2代，越冬态不明。成虫4月上旬开始出现，5—7月幼虫为害最重，经40d左右幼虫老熟，在地表下3cm深处做室化蛹。第二代成虫发生后4～6d产卵。

八字地老虎：1年发生1～2代，以老熟幼虫在土中越冬。老熟幼虫在翌年4月上旬开始活动，5月上旬幼虫开始化蛹，7月下旬进入田间幼虫为害盛期，至8月下旬止。第一代成虫在8月中旬始见，10月下旬终见。第二代卵在8月下旬始见，幼虫在9月中旬至10月下旬为害，11月中旬以后陆续越冬。成虫具趋光性。幼虫在春、秋两季为害。

黄地老虎：一年发生2代，以老熟幼虫在土中越冬。翌年4月化蛹。5月至7月中旬第一代成虫出现，5月下旬至6月幼虫为害最重。第二代成虫大都发生在8月，部分蛹至10月上旬羽化。

【防控措施】见拟步甲。

5. 拟步甲

拟步甲称伪步行虫或拟地甲，属鞘翅目拟步甲科。青海省主要种类有蒙古拟地甲（*Gonocephalum reticulatum*）和网目拟地甲（*Opatrum subaratum*）。

【形态特征】

蒙古拟地甲：

成虫：体长6～8mm，暗黑褐色，头部黑褐色，向前突出。触角棍棒状。复眼小，白色。前胸背板外缘近圆形，前缘凹进，前缘角较锐，向前突出，上面有小点刻。鞘翅黑褐色，密布点刻和纵纹，并有黄色细毛。刻点不及网目拟地甲明显，后翅膜质，叠平置于鞘翅之下。

 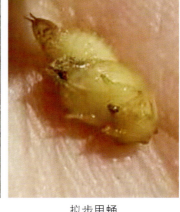

拟步甲成虫　　　　　　拟步甲蛹

卵：椭圆形，长0.9～1.25mm，乳白色，表面光滑。

幼虫：初孵幼虫乳白色，后渐变为灰黄色。老熟幼虫体长12～15mm，圆筒形。腹部末节背板中央有暗沟1条，边缘有刚毛8根，每侧4根，以此可与网目拟地甲幼虫相区别。

蛹：体长5.5～7.4mm。体乳白色略带灰白色。复眼红褐至褐色。羽化前，足、前胸、腹末呈浅褐色。

网目拟地甲：

成虫：雌虫体长7.2～8.6mm，雄虫体长6.4～8.7mm。体黑色，复眼在头部下方，触角棍棒状，11节。虫体椭圆形，头部较扁。前胸发达，前缘呈弧形弯曲，其上密生点刻。鞘翅近长方形，其前缘向下弯曲将腹部包住，不易飞翔。鞘翅上有7条隆起的纵线。每条纵线两侧有突起5～8个，形成网格状。腹部背板黄褐色，腹面可见5节。

卵：椭圆形，长1.2～1.5mm，乳白色，表面光滑。

幼虫：共5龄，成熟幼虫体长15～18mm，体细长似金针虫。身体深灰黄色，背板上灰褐色较浓。前足较中后足长而粗大，中后足大小相等。腹部末节小，纺锤形，背板前部稍突起成一横脊，前部有褐色钩形纹1对，末端中央有褐色的隆起部分。腹末边缘共有刚毛12根，中央4根，两侧各排列4根。

蛹：体长7～9mm，腹部末端有2个刺状突起。初期乳白色，略带灰白，羽化前深黄褐色。

【为害特点】蒙古拟地甲食性极杂，能为害多种药用植物和其他农作物，主要为害根、茎、叶，造成缺刻和缺苗断垄。网目拟地甲寄主植物有桔梗、苹果、小麦及其他蔬菜和豆类等作物，成虫和幼虫为害幼苗，取食嫩茎、嫩根，影响出苗，幼虫还能钻入根茎、块根和块茎内食害，造成幼苗枯萎，以致死亡。

【发生规律】蒙古拟地甲成虫能飞翔，趋光性较强。卵多产于表土层中。每雌产卵34～490粒。卵期约20d，并随温度升高而缩短。幼虫孵化后在表土层内取食寄主幼嫩组织，并能蛀入根茎内为害。幼虫期50～60d，6—7月老熟幼虫在土表下10cm土层中做土室化蛹，7月上中旬为化蛹盛期。7月下旬至8月上中旬多数蛹羽化为成虫。成虫羽化后在作物或田间杂草根部越夏，9月取食为害，10月下旬陆续越冬。蒙古拟地甲喜干燥，耐高温。在地势高、土质疏松的地块虫口密度大。地面潮湿、坚实则不利于其生存。春季雨水稀少，温度回升快，虫口发生数量大，为害重。当年降水量少，翌年发生则重，反之则轻。

网目拟地甲成虫有假死性，不宜飞翔，只能在地上爬行。气温低时，成虫白天取食产卵，气温高时成虫白天潜伏，早晚活动。成虫越冬后比越冬前活动性强、取食量大。雌虫交配后1～2d产卵。卵产于1～4cm土中。每雌产卵9～53粒，最多达167粒。幼虫孵出后不取食卵壳，多在表土1～2cm处活动。幼虫食性杂，喜食寄主发芽的种子、幼苗嫩茎及嫩根。幼虫老熟后多在土中5～8cm深处做土室化蛹。网目拟地甲的活动为害与气候条件关系密切。春季气温回升，成虫大量出土活动，12～15℃活动最盛，性喜干燥，一般多发生在黏性较重的土壤中，如黏土、两合土，春季干旱的年份发生为害重。

【防控措施】地下害虫长期在土壤中栖息、为害，是较难防治的一类害虫，在防治中要开展以农业防治和化学防治为主的综合防治，同时要以播种期防治为主，兼顾作物生长期防治。

（1）农业防治。采用精耕细作、轮作倒茬、深耕深翻土地、适时中耕除草以及施用充分腐熟的有机肥等，可压低虫口密度，减轻为害。

（2）物理防治。利用蝼蛄、金龟甲的趋光性，用频振式杀虫灯诱杀成虫，减少田间虫口密度。

（3）化学防治。种子处理，50%辛硫磷乳油按种子重量的0.2%拌种，可有效防治3种地下害虫。土壤处理，播种前每亩用50%辛硫磷乳油250～300mL兑水30～40kg，均匀喷洒在地面，然后耕翻、耙糖均匀。或每亩用50%辛硫磷乳油250～300mL，加细土25～30kg，将药液加水稀释10倍后喷洒在细土上并拌匀，或用48%毒死蜱乳油制成5%的毒土10～15kg，均匀撒施在地表后耕翻耙糖。作物生长期，可用50%辛硫磷乳油或48%毒死蜱乳油制成800～2 000倍药液进行灌根处理。

第十九章　迁飞性害虫

迁飞性害虫是指一些昆虫在其生活史的特定阶段，成群而有规律地从一个发生地长距离转移到另一个发生地，以保证其生活史的延续和物种的繁衍。这些昆虫具有数量大、时间长、距离远的特点，有时会跨越两个大陆。迁飞是昆虫为适应生境变化经过长期进化而来的一种"先发制敌"的生存策略，是导致害虫突发性、区域性和灾害性的重要原因。迁飞性害虫的发生与全球气候变暖、太平洋副热带高气压增强等因素密切相关，这些因素为害虫的迁移创造了有利条件。当前青海省迁飞性害虫包括黏虫、西藏飞蝗、棉铃虫、小地老虎、多种蚜虫等，草地贪夜蛾在临近的甘肃省已有发生，尚未到达青海省，因其繁殖能力强、寄主植物多、迁飞速度快、适生范围广，是联合国粮食及农业组织预警的全球重大迁飞性害虫，青海省也需引起重视。

1. 黏虫

黏虫（*Mythimna separata* Walker），又称剃枝虫、行军虫、夜盗虫、五色虫等，属鳞翅目夜蛾科。

【形态特征】

成虫：体色呈淡黄色或淡灰褐色，有的个体稍显红色，也有黑色变异个体。体长17～20mm，翅展35～45mm，触角丝状，前翅中央近前缘有2个淡黄色圆斑，外侧环形圆斑较大，后翅正面呈暗褐色，反面呈淡褐色，缘毛呈白色，由翅尖向斜后方有1条暗色条纹，中室下角处有1个小白点，白点两侧各有1个小黑点。雄蛾较小，体色较深，其尾端经挤压后，可伸出1对鳃盖形的抱握器，抱握器顶端具一长刺，这一特征是区别于其他近似种的可靠特征。雌蛾腹部末端有一尖形的产卵器。

卵：半球形，直径0.5mm，初产时乳白色，表面有网状脊纹，初产时白色，孵化前呈黄褐色至黑褐色。卵粒单层排列成行，但不整齐，常夹于叶鞘缝内或枯叶卷内，在水稻和谷子叶片尖端产卵时常卷成卵棒。

幼虫：老熟幼虫体长38～40mm，头黄褐色至淡红褐色，正面有近"八"字形黑褐色纵纹。体色多变，背面底色有黄褐色、淡绿色、黑褐至黑色。体背有5条纵线，背中线白色，边缘有细黑线，两侧各有2条极明显的浅色宽纵带，上方1条红褐色，下方1条黄白色、黄褐色或近红褐色。两纵带边缘有灰白色细线。腹面污黄色，腹足外侧有黑褐色斑。腹足趾钩呈半环形排列。

蛹：红褐色，体长17～23mm，腹部第五、六、七节背面近前缘处有横列的马蹄形刻点，中央刻点大而密，两侧渐稀，尾端有尾刺3对，中间1对粗大，两侧各有短而弯曲的细刺1对。雄蛹生殖孔在腹部第九节，雌蛹生殖孔位于第八节。

【为害特点】 黏虫是一种多食性害虫，可取食100余种植物，但喜食麦类、玉米、芦苇等禾本科植物。以幼虫咬食寄主的叶片为害，一、二龄幼虫潜入心叶取食叶肉形成小孔，三龄后由叶边缘咬食形成缺刻。严重时常把叶片全部吃光仅剩光秆，甚至能把抽出的麦穗咬断，造成严重减产，甚至绝收。

【发生规律】黏虫是一种无滞育性害虫，条件适合时终年可以繁殖。在我国各地发生的世代数因地区纬度而异，纬度越高，发生世代数越少。在我国由北至南一年发生2～8代。

黏虫只在幼虫阶段对农业产生危害，喜在温暖湿润麦田、草丛中产卵。怕高温干旱，相对湿度75%以上、温度23～30℃利于成虫产卵和幼虫存活。雨量过多，特别是遇暴风雨后，黏虫数量又显著下降。

黏虫为害小麦和玉米

黏虫成虫飞翔能力强，有假死和迁飞的习性，对糖、醋、酒液和黑光灯有很强的趋性，喜昼伏夜出。白天在枯叶丛、草垛、灌木林、茅棚等处隐藏。在夜间有2次明显的活动高峰，第一次在傍晚8—9时左右，另一次则在黎明前。黏虫成虫羽化后必须取食花蜜补充营养，在适宜的温、湿度条件下，才能正常发育产卵。主要的蜜源植物有桃、李、杏、苹果、刺槐、油菜、大葱、苜蓿等。

黏虫成虫产卵部位趋向于黄枯叶片。在玉米苗期，卵多产在叶片尖端，成株期卵多产在穗部苞叶或果穗的花丝等部位。产卵时分泌胶质黏液，使叶片卷成条状，常将卵粘连成行或重叠排列包住，形成卵块，以致不易看见。每个卵块一般有20～40粒卵，成条状或重叠，多者达200～300粒。

【防控措施】

（1）物理防治。①诱杀成虫。在田间数量开始上升时，设置糖醋酒诱杀盆15个/hm²，或设置杨树枝把或谷草把30～45个/hm²，逐日诱杀成虫，可压低田间落卵量和幼虫密度。②诱卵和采卵。自田间成虫产卵初期开始，麦田插小谷草把150把/hm²诱卵，每两天换一次，将谷草把带离田间销毁。谷子田在卵盛期可顺垄采卵，连续进行3～4次，可显著减轻田间虫口密度。

（2）药剂防治。可选用敌百虫、辛硫磷、溴氰菊酯、灭幼脲等喷雾。

2. 西藏飞蝗

西藏飞蝗（*Locusta migratoria tibetensis* Chen），属直翅目蝗总科，在青海省主要分布在玉树藏族自治州所属玉树市、称多县、囊谦县，主要为害农田小麦、青稞、油菜、燕麦、人工林沙棘和芦苇、稗草、狗尾草、披碱草等禾本科植物叶片或茎秆。

【形态特征】

成虫：群居型成虫体黑褐色、较固定。头部较宽，复眼较大。前胸背板略短，沟前区明显收缩变狭，沟后区较宽平，因而呈马鞍状。前胸背板前缘近圆形，后缘呈钝圆形。前翅较长，超过腹末较多。后足腿节较短，短于或等于前翅长度的一半；后足胫节淡黄色，略带红色。散居型成虫体色常为绿色或随环境而变化。头部较狭，复眼较小。前胸背板稍长，沟前区不明显缩狭，沟后区略高，不呈马鞍状。前胸背板前缘为锐角状向前突出，后缘呈直角形。前翅较短，超过腹端不多。后足腿节较长，通常长于前翅长度的一半。后足胫节通常呈淡红色。

卵：产于卵囊内，卵粒呈4列倾斜状排列，卵粒占整个卵囊的2/3长，卵囊上端有1/3长度的胶囊盖，每个卵囊有40～107粒卵。卵粒呈长椭圆形，长约5mm。初产卵呈浅黄色，后逐渐变为红棕褐色。

西藏飞蝗群居型成虫　　　　　　　西藏飞蝗散居型成虫

西藏飞蝗卵

蝗蝻：各龄蝻群居型为黑色、黑褐色或灰褐色，散居型为草绿色、褐绿色，但两型体色随生活环境的变化可相互转化。群居型颜顶为黑褐色或灰黑色，散居型颜部均呈草绿色，触角线状，呈淡褐色，近端部数节颜色较暗，复眼之后各有1条较狭的黄色纵纹。各龄蝻群居型腿节为黄褐色、黑褐色或灰褐色，四龄起颜色加深。各龄蝻之间腿节长均存在显著差异。

西藏飞蝗群居型蝗蝻　　　　　　　西藏飞蝗散居型蝗蝻

【为害特点】西藏飞蝗取食广泛，且食量大，主要取食禾本科和莎草科的作物和牧草。有繁殖能力强、密度大、为害面积广和为害程度严重的特点。蝗灾严重发生时甚至导致庄稼颗粒无收和草场寸草不生。

【发生规律】西藏飞蝗1年发生1代，喜在通气、透水、保湿的沙壤土中产卵。土壤温度回升早（快）、土壤湿度适中，蝗蝻孵化出土早，无效卵块率低；土壤温度回升慢，雨水多，蝗蝻孵化出土推迟，无效卵块率高。蝗蝻喜光照和高温，孵化后需经过4～8h才取食，蝗蝻一般喜食玉米、披碱草等禾本科植物鲜嫩叶片。蝗蝻孵化经历5龄若虫进入成虫期。成虫取食禾本科植物叶片或茎秆，喜光照和高温的场所栖息或取食。产卵深度为4.1～7.6cm，每卵块含卵粒40～107粒。主要发生在林带和荒地、河床，这些地方一般土壤碱性较重，植被较稀少，适合取暖，并且翌年气温回升后，地面吸热快，植物萌发早，便于蝗卵较早孵化，是成虫主要产卵场所。

西藏飞蝗的发生有如下特点：①发生面积大，密度高；②卵孵化出土间隔时间和蝗蝻历期长；③繁殖能力和迁飞能力较强。西藏飞蝗取食范围和取食喜好随虫龄的增大而有较大的变化。一至二龄蝗蝻嗜食蒿草，取食相对频率为57%，其次是披碱草，为20%，对冬小麦和青稞的取食频率都非常低；三龄蝗蝻仍喜食蒿草，取食相对频率为29%，但较一至二龄蝗蝻显著下降，对冬小麦和青稞的取食频率较一至二龄显著增加，分别为20%和16%；四龄后喜食青稞，其次是冬小麦，而对蒿草和披碱草的取食频率相对较低。终生不取食狼毒和沙蒿。

西藏飞蝗为害状（杨刚提供）

【防控措施】

（1）农业防治。适当推迟翻耕时间，蝗虫产卵集中于8月下旬，改变以往收获后集中翻耕的习惯，适当推迟翻耕时间，可以破坏卵块的环境，增加卵块死亡率，减轻越冬卵块数，减轻来年为害；提倡冬灌，破坏越冬卵的适生环境，增加死亡率。

（2）生物防治。饲养家禽，保护鸟类，维护生态平衡，增加蝗虫天敌数量，控制其为害。

（3）药剂防治。每公顷施用142mL100亿孢子/mL高氯·杀蝗绿僵菌油悬浮剂防治。

3. 草地贪夜蛾

草地贪夜蛾（*Spodoptera frugiperda*），属鳞翅目夜蛾科。起源于美洲热带和亚热带地区，广泛分布于美洲大陆，具有适生区域广、迁飞速度快、繁殖能力强、防控难度大的特点。2018年在非洲造成高达30亿美元的经济损失，是联合国粮食及农业组织全球预警的重要农业害虫。2019年1月13日确认传入我国云南省后，已传入我国许多省份，包括邻近的甘肃省，至今未在青海省发现。该虫食性广泛，可取食76科350多种植物，如玉米、小麦、燕麦、大豆、豌豆、黑麦草等，尤其喜食禾本科、豆科、菊科植物。该虫被列入《重点管理外来入侵物种名录》及《一类农作物病虫害名录》中，了解其习性、为害特点和发生规律，提早制定防治预案，加强监测，严防其在青海省暴发成灾。

【形态特征】

成虫：翅展32～40mm，前翅深棕色，后翅白色，边缘有窄褐色带。雌蛾前翅呈灰褐色或灰色棕色杂色，具环形纹和肾形纹，轮廓线

草地贪夜蛾雌成虫

草地贪夜蛾雄成虫

黄褐色；雄蛾前翅灰棕色，翅顶角向内各具一大白斑，环状纹后侧各具一浅色带，自翅外缘至中室，肾形纹内侧各具一白色楔形纹。

卵：通常100～200粒堆积成块状，多由白色鳞毛覆盖，初产时为浅绿或白色，孵化前渐变为棕色。卵粒直径0.4mm，高0.3mm。卵多产于叶片正面，玉米喇叭口期多见于近喇叭口处。适宜温度下，2～3d孵化。

| 草地贪夜蛾无鳞毛覆盖的卵 | 草地贪夜蛾有鳞毛覆盖的卵 | 草地贪夜蛾蛹 |

幼虫：一般有6个龄期，体长1～45mm，体色有浅黄、浅绿、褐色等多种，最为典型的识别特征是末端腹节背面有4个呈正方形排列的黑点，三龄后头部可见倒Y形纹。

草地贪夜蛾幼虫

蛹：被蛹，体长15～17mm，体宽4.5mm，化蛹初期体色淡绿色，逐渐变为红棕及黑褐色。常在2～8cm深的土壤中化蛹，有时也在果穗或叶腋处化蛹。

【为害特点】在玉米上，一至三龄幼虫通常隐藏在心叶、叶鞘等部位取食，形成半透明薄膜"窗孔"；低龄幼虫还会吐丝，借助风扩散转移到周边的植株上继续为害；四至六龄幼虫对玉米的为害更为严重，取食叶片后形成不规则的长形孔洞，可将整株叶片取食光，也会钻蛀心叶、未抽出的雄穗及幼嫩雌穗，影响叶片和果穗的正常发育。苗期严重被害时生长点被破坏，形成枯心苗。

【发生规律】草地贪夜蛾无滞育现象，适宜发育温度广，为11～30℃，在28℃条件下，30d左右即可完成1个世代。成虫寿命2～3周，雌、雄虫均可多次交配，单头雌虫可产卵块10块以上，卵量约1 500粒。在低温条件下，需要60～90d才能完成一个世代。成虫可在几百米的高空中借助风力进行远距离定向迁飞，每晚可飞行100km；成虫通常在产卵前可迁飞500km；如果风向风速适宜，迁飞距离会更长，成虫在30h内可从美国密西西比州迁飞到加拿大南部，长达1 600km。

草地贪夜蛾为害玉米心叶　　　　　　　草地贪夜蛾为害玉米果穗

草地贪夜蛾为害玉米植株（王振营提供）

【防控措施】抓住低龄幼虫的防控最佳时期，施药时间最好选择在清晨或傍晚，注意喷洒在玉米心叶、雄穗和雌穗等部位。可选用防控夜蛾科害虫的新型高效低毒药剂喷雾防治。防治指标：玉米田苗期被害株率大于10％，大喇叭口期被害株率大于30％，穗期被害株率大于10％。可选用药剂有氯虫苯甲酰胺、氟氯氰菊酯、溴氰虫酰胺、乙基多杀菌素和甲氨基阿维菌素苯甲酸盐以及多杀菌素、苏云金杆菌、白僵菌等。

第二十章　农田草害

第一节　农田杂草的危害性

农田杂草指农田中栽培对象作物以外的其他植物。农田杂草种类繁多，按生育期可分为一年生、越年生和多年生三类。对农业生产的危害重，对农作物生长的影响主要体现在以下几个方面：

（1）资源竞争。杂草与农作物争夺光照、水分、养分等生长资源，尤其在资源需求较大的作物生长早期，杂草的存在会显著影响作物的正常生长，导致产量下降。

（2）生态位干扰。杂草通过改变土壤的物理和化学性质，影响农作物的根系发展，降低作物对土壤资源的利用效率。

（3）病虫害传播。杂草可以成为某些病虫害的寄主或传播者，增加农作物病虫害的发生风险。

（4）机械干扰。杂草的生长可能会干扰农作物的机械收割，增加农业生产成本。

（5）产量和品质下降。由于上述各种影响，杂草的存在最终会导致农作物的产量和品质下降。

第二节　农田杂草的类群

青海省农田杂草以禾本科、菊科和蓼科为主，优势杂草有密花香薷、猪殃殃、野燕麦、藜、苣荬菜、大刺菜等，对作物生长发育及产量影响严重，防除较为困难。荞麦蔓、薄蒴草、萹蓄、狗尾草、节裂角茴香等杂草为区域性优势杂草。赖草、鹅绒委陵菜、尼泊尔蓼、宝盖草、旱雀麦、西伯利亚蓼、泽漆、田旋花、问荆、小蓝雪花、微孔草、苦苣菜、鼠掌老鹳草、遏蓝菜、天山千里光、早熟禾、野胡萝卜等杂草在大部分农田都有发生，但对作物产量造成的影响较小，为常见杂草。另外有39种杂草仅在青海麦—油轮作地区局部发生，对作物生长影响极微，为一般杂草，主要有黄花蒿、芦苇、野艾蒿、糙苏、蒲公英、离蕊芥、二裂叶委陵菜、野芥菜、飞廉、大巢菜、自生油菜、宝塔菜、海州香薷、荠菜、繁缕、早开堇菜、大籽蒿、青海苜蓿、多花黑麦草、甘青老鹳草、旱稗、菊叶香藜、甘肃马先蒿、野荞麦、茵陈蒿、朝天委陵菜、灰绿藜、白刺、鼬瓣花、露蕊乌头、夏至草、披针叶黄花、野薄荷、狼紫草、冬葵、车前、酸模叶蓼、反枝苋等。

第三节　农田主要杂草形态特征

1. 禾本科

识别要点：单子叶植物。胚仅具一片子叶，不分枝，叶鞘在一侧开裂，平行叶脉，叶片较小，狭长竖立，二列着生，表面有细沟，有蜡质层；茎秆圆筒形，有显著的节与节间，节间常中空，无分枝；须根系，主根不发达。

主要杂草：野燕麦、旱雀麦、芦苇、赖草、多花黑麦草、旱稗、狗尾草、虎尾草、早熟禾、披碱草、白茅、稗草、芨芨草等。

野燕麦（*Avena fatua* L.）

狗尾草 [*Setaira viridis*（L.）Beauv.]

旱雀麦（*Bromus tectorum* L.）

早熟禾（*Poa annua* L.）

白茅［*Imperata cylindrica*（L.）Beauv.］

稗草［*Echinochloa crusgalli*（L.）Beauv.］

芨芨草［*Neotrinia splendens*（Trin.）M. Nobis，P. D. Gudkova & A. Nowak］

赖草［*Leymus secalinus*（Georgi）Tzvelev］

芦苇［*Phragmites australis*（Cav.）Trin.ex Steud.］

2. 菊科

识别要点：草本，头状花序，单叶，多互生，聚药雄蕊，瘦果顶端带冠毛或鳞片。

主要杂草：大刺儿菜、苣荬菜、蒲公英、蒙山莴苣、飞廉、莲座蓟、刻叶刺儿菜、艾蒿、茵陈蒿、粗毛牛膝菊、高山紫菀、山苦荬、欧洲千里光、旱莲草、黄花蒿等。

大刺儿菜（*Cephalanoplos setosum* Kitam.）

山苦荬 [*Ixeris chinensis*（Thunb.）Nakai]

苣荬菜（*Sonchus brachyotus* DC.）

苦苣菜（*Sonchus oleraceus* L.）

蒲公英（*Taraxacum mongolicum*）

蒙山莴苣 [*Mulgedium tataricum*（L.）DC.]

粗毛牛膝菊（*Galinsoga quadriradiata* Ruiz & Pavon）

黄花蒿（*Artemisia annua* L.）

高山紫苑（*Aster alpinus* L.）

欧洲千里光（*Senecio vulgaris* L.）

3. 石竹科

识别要点：草本，节膨大；单叶全缘对生；花两性，雄蕊5枚或为花瓣的2倍；特立中央胎座；蒴果。

主要杂草：薄蒴草、繁缕、麦瓶草等。

繁缕（*Stellaria media*）

薄蒴草［*Lepyrodiclis holosteoides*（C. A. Mey.）］

4. 蓼科

识别要点：草本，节膨大；单叶全缘互生，有膜质脱叶鞘；花两性，单被，萼片呈花瓣状；瘦果，常包于宿存花被中。

主要杂草：荞麦蔓（翼蓼）、萹蓄、酸模叶蓼、卷茎蓼、巴天酸模、西伯利亚蓼、齿果酸模等。

翼蓼（*Pteroxygonum giraldii* Damm. & Diels）
（魏有海提供）

卷茎蓼［*Fallopia convolvulus*（L.）Á. Löve］

酸模叶蓼（*Polygonum sibiricum* Laxm.）

西伯利亚蓼（*Polygonum lapathifolium* L.）

萹蓄（*Polygonum aviculare* L.）

巴天酸模（*Rumex patientia* Linn.）

5. 藜科

识别要点：草本，叶互生或对生，常有粉粒；花小，圆锥花序，辐射对称，单被，萼片草质；雄蕊与萼片同数对生；胞果，胚环形。

主要杂草：藜、灰绿藜、菊叶香藜、猪毛菜、盐地碱蓬、地肤、西伯利亚滨藜等。

藜（*Chenopodium album* L.）

灰绿藜（*Chenopodium glaucum* L.）

菊叶香藜（*Chenopodium foetidum* Schrad.）

6. 十字花科

识别要点：多数草本，常有辛辣味；花多数聚集成总状花序；十字花冠；雄蕊通常6个；角果，具假隔膜。

主要杂草：荠、遏蓝菜、播娘蒿、碎米芥、离蕊芥、阔叶独行菜、独行菜、离子草、风花菜、野芥菜等。

遏蓝菜（*Thlaspi arvense* L.）（魏有海提供）　　独行菜（*Lepidium apetalum* Willd.）

荠 [*Capsella bursa-pastoris*（L.）]（魏有海提供）

7. 唇形科

识别要点：常具含芳香油的麦皮，茎四棱，单叶对生，花两侧对称，花序聚伞式，花冠唇形，二强雄蕊，心皮2个，4个小坚果。

主要杂草有：密花香薷、鼬瓣花、野薄荷、宝塔菜、宝盖草、异叶青兰、夏至草、细叶益母草、海州香薷、甘西鼠尾等。

密花香薷（*Elsholtzia densa* Benth.）　　　宝盖草（*Lamium amplexicaule* L.）

宝塔菜（*Stachys sieboldii* Miq.）　　　薄荷（*Mentha haplocalyx* Briq.）

8. 茜草科

识别要点：单叶，对生或轮生，常全缘；托叶2，宿存；花萼4或5裂，子房下位，1至数室，常2室，浆果、蒴果或核果。

主要杂草：猪殃殃、北方拉拉藤、篷子菜等。

猪殃殃［*Galium aparine*（L.）var. *tenerum* Rchb.］

9. 旋花科

识别要点：茎缠绕，叶互生，螺旋排列，通常为单叶，具乳汁，花通常显著，花冠漏斗状，蒴果。

主要杂草：田旋花、打碗花。

打碗花（*Calystegia hederacea* Wall.）　　田旋花（*Convolvulus arvensis*）

10. 豆科

识别要点：叶常为羽状复叶或三出复叶，有叶枕。花冠多为蝶形或假蝶形，雄蕊2体、单体或分离，雌蕊由1心皮组成。

主要杂草：救荒野豌豆、草木犀、紫花苜蓿、披针叶黄花、小花棘豆、黄花棘豆、镰形棘豆、蓝花棘豆等。

救荒野豌豆（*Vicia sativa* L.）

草木犀（*Melilotus suaveolens* Ledeb.）　　白三叶草（*Trifolium repens* L.）

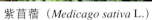

紫苜蓿（*Medicago sativa* L.）　　蓝花棘豆［*Oxytropis caerulea*（Pallas）Candolle］

11. 伞形科

识别要点：草本，叶柄基部呈鞘状抱茎，伞形、副伞形花序，花基数为5，双悬果。

主要杂草：野胡萝卜、防风、迷果芹等。

野胡萝卜（*Daucus carota*）　　防风（*Saposhnikovia divarlcata*）

12. 大戟科

识别要点：常具乳汁；单叶，基部常有2个腺体；花单性；蒴果3室。

主要杂草：泽漆（猫眼草、五朵云）。

泽漆（*Euphorbia helioscopia* L.）

13. 罂粟科

识别要点：植株有黄、白色汁液；花萼早落；雄蕊多数，分离，子房上位，侧膜胎座；蒴果。

主要杂草：节裂角茴香。

节裂角茴香（*Hypecoum leptocarpum* Hook.f.et Thoms）

14. 牻牛儿苗科

识别要点：多年生草本，叶对生或偶为互生；托叶披针形，叶片五角状肾形，茎部心形，掌状5深裂，裂片菱形或菱状卵形。

主要杂草：鼠掌老鹳草。

鼠掌老鹳草（*Geranium sibiricum* L.）

15. 紫草科

识别要点：茎高，有开展的短刚毛，分枝。花有短梗，花萼长约2.5mm，有糙毛和少数刚毛，5深裂，裂片条状披针形，花冠蓝色。

主要杂草：微孔草。

微孔草 [*Microula sikkimensis* (C. B. Clarke) Hemsl.]

16. 蓝雪科

识别要点：茎直立，多分枝，具棱，沿棱有小皮刺。叶倒卵状披针形至卵状披针形或狭披针形。

主要杂草：小蓝雪花。

小蓝雪花（*Plumbagella micrantha* Spach）

17. 苋科

识别要点：茎平卧或斜倚，伏地铺散，多分枝，淡绿色或带暗红色。叶片扁平，肥厚，倒卵形，似马齿状，上面暗绿色，下面淡绿色或带暗红色。

主要杂草：马齿苋、反枝苋等。

马齿苋（*Portulaca oleracea* L.）

反枝苋（*Amaranthus retroflexus* Linn.）

18. 木贼科

识别要点：根茎发达，地下有根茎和球茎，黄褐色或黑褐色，节生须根。地上茎有生育和营养枝两种类型。生育枝早期出现，笔直生长，圆柱形，具12～14条不明显的纵脊，肉质，淡褐色，无叶绿素。营养枝在生育枝枯死后生出，高15～60cm，较纤细，绿色，粗糙，具6～12纵棱，分枝多数轮生而开展，中空。叶均为鞘状。鞘齿3，披针形。

主要杂草：问荆。

问荆（*Equisetum arvense* L.）

19. 蔷薇科

识别要点：叶片互生，通常会带有托叶，两性花，开花比较整齐。花托部分凸隆，后期会凹陷，呈轮状排列。花被片和雄蕊结合成花筒，子房上位，很少下位。果实多为瘦果、梨果、核果或蓇葖果，种子不含胚乳。

主要杂草：鹅绒委陵菜、二裂委陵菜。

鹅绒委陵菜 [*Argentina anserina* (L.) Rydb.]

二裂委陵菜（*Potentilla bifurca* L.）

20. 茄科

识别要点：主茎直立，株高一般在30～70cm之间，基部稍木质化，有较多分枝。全株密被淡黄色硬尖刺，具有带柄的星状毛。叶片卵形或椭圆形，不规则羽状深裂，部分裂片羽状半裂，叶表及背面具短刺。

主要杂草：天仙子。

天仙子（*Hyoscyamus niger* L.）

21. 车前科

识别要点：叶基生，具长柄；展平后为卵状椭圆形、宽卵形、长椭圆形或椭圆状披针形，表面灰绿色，具明显弧形脉5～7条；先端钝或短尖，基部宽楔形，全缘或有波状疏钝齿。穗状花序数条，花茎长。蒴果盖裂，萼宿存。气微香，味微苦。

主要杂草：平车前、大车前。

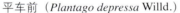

平车前（*Plantago depressa* Willd.） 大车前（*Plantago major* L.）

22. 锦葵科

识别要点：叶互生，单叶或分裂，叶脉通常掌状，具托叶。花腋生或顶生，单生、簇生、聚伞花序至圆锥花序。蒴果常几枚果爿分裂，很少浆果状，种子肾形或倒卵形，被毛至光滑无毛，有胚乳。子叶扁平，折叠状或回旋状。

主要杂草：野葵。

野葵（*Malva verticillata* L.）

23. 毛茛科

识别要点：叶通常互生或基生，少数对生，单叶或复叶。花两性，少有单性，雌雄同株或雌雄异株，辐射对称，稀为两侧对称。果实为蓇葖或瘦果，少数为蒴果或浆果。

主要杂草：露蕊乌头。

露蕊乌头（*Aconitum gymnandrum* Maxim.）

第四节　农田杂草的防治技术

农田杂草的防除措施主要有：严格检疫，合理轮作，深翻土地，施用彻底腐熟的农家肥，物理除草和化学除草等。

（一）严格检疫，加强种子管理

许多杂草种子混杂在农作物种子中，随种子调运进行传播和扩散，应严格执行杂草检疫制度，精选种子，加强种子管理，防止境内外恶性杂草传入，同时严格杜绝本地杂草种子向外地传播。

（二）轮作倒茬

轮作倒茬能有效防除农田杂草。科学的轮作倒茬，可使原来生长良好的优势杂草种群处于不利的环境条件下，从而减少或杜绝为害。如野燕麦严重的小麦田连作3年，第4年又种小麦，每平方米有野燕麦104株，而第4年改种马铃薯，每平方米仅有野燕麦7株，防效达93.3%。

（三）有机肥高温堆沤除草

有机肥来源广泛，秸秆、落叶、干草和青草、绿肥、垃圾等里面夹混有大量的杂草种子，若不经高温堆腐就施于农田，将人为扩散传播杂草，有可能导致农田杂草的严重为害。有机肥的高温堆沤方法是：选一平坦地，捶实地面后（也可根据需要挖坑或沟），先铺一层厚10～15cm的秸秆或泥炭等，接着将切碎的秸秆等铺20～30cm厚并浇上适量水，撒上1%～2%石灰，再盖厚10cm的猪、牛、马粪等，如此逐层堆成高1.5～2m，最后用厚塑料薄膜或泥密封住整个肥堆。一般堆中温度3～5d就可上升到40～50℃，最高可达60～70℃。夏季经1～2个月，冬季经2～3个月，可完全杀死有机堆肥中的杂草种子，同时也能杀死其中绝大部分作物病原菌。

（四）化学除草

1. 农田化学除草的原则

一是农田化学除草应当在弄清施药田杂草的优势种群和对作物生长为害重的主要种类的基础上，根据作物及杂草的生育期，兼顾前后茬作物，科学选用对路、有效的除草剂品种。二是根据杂草出苗时间和所选用除草剂对施药时间的要求，尽早施药。早施药不仅可提高防除效果，而且可避免或减少杂草造成的危害损失，有利于作物苗期健壮生长。三是尽量选择能够兼除多种杂草的除草剂或不同品种除草剂合理混配使用，做到一次施药，兼治多种杂草。四是除草剂极易产生药害，应当严格掌握用药量、施药时间和用水量，喷雾要均匀周到，以防药害。

2. 化学除草技术

农田化学除草根据施药时间不同分为以下两个方面。

（1）土壤处理。把药施于土壤表面或通过浅混土将药混入不太深的土层中，建立起一个药剂封闭层，以杀死萌发的杂草。常用的土壤处理除草剂有48%氟乐灵乳油、40%野麦畏乳油等。

（2）茎叶处理。把除草剂兑水配成一定浓度的药液，直接喷洒在杂草幼苗茎叶上。小麦田常用禾本科杂草除草剂有15%炔草酯可湿性粉剂、6.9%精噁唑禾草灵水乳剂、5%唑啉·炔草酯乳油等；小麦田常用阔叶杂草除草剂有10%苯磺隆可湿性粉剂等。油菜田常用禾本科杂草除草剂有10.8%高效氟吡甲禾灵乳油、5%精喹禾灵乳油等；油菜田常用阔叶杂草除草剂有30%草除灵悬浮剂、75%二氯吡啶酸可溶性粒剂等。马铃薯田常用除草剂：播后苗前用二甲戊灵进行土壤封闭，杂草2～4叶期时喷施砜嘧磺隆防治阔叶杂草，喷施精喹禾灵防治禾本科杂草。青稞田可用唑啉草酯防治野燕麦；可选用氯氟吡氧乙酸、啶磺草胺、双氟磺草胺、苯磺隆防治阔叶杂草。

（五）物理除草

物理除草主要分为人工除草和机械除草。人工除草劳动强度大，除草效率低，费时、费力。机械除草主要是运用机耕犁、电耕犁、旋耕机、中耕除草机等机械防除田间杂草。由于机械除草的笨重机器碾压土地，易造成土壤板结，影响作物根系生长发育，且对作物种植行距及驾驶技术要求严格，当前机械除草多用于大型农场或粗放生产的农区。

第五节 常见除草剂药害

除草剂对作物的药害是由除草剂使用技术、除草剂和作物本身的因素及环境条件决定的，多数情况下药害的发生程度是综合作用的结果。除草剂在农作物上的应用，必须小心谨慎，不能过量使用，更不能忽略土壤残留。

1. 除草剂药害症状

除草剂常见的药害症状有植株畸形、褪绿、矮小、坏死，叶片卷曲、皱缩，生育期延迟、产量降低等。

氨氯·二氯吡对马铃薯的药害

氨氯·二氯吡对蚕豆的药害

2. 除草剂药害的预防

（1）杜绝假冒伪劣及不合格产品。采购除草剂时应选"三证"齐全的产品，农药管理部门应加强对除草剂产品的监管，对假冒伪劣产品实行严打，指导农民选择优质除草剂。

（2）加强除草剂试验、示范、推广。我国幅员辽阔，不同地区之间自然条件、生态条件、种植制度等差异较大，在某一地区对作物安全的除草剂在另一地区可能产生药害，某一地区安全的用药剂量在另一地区可能影响作物生长。新开发的除草剂，应经充分试验、示范研究后，明确不同生态条件下的施药时期、剂量、对作物不同品种的安全性后才能大面积推广，并对农民加强安全用药技术指导。

（3）合理使用除草剂。不同的草种和杂草不同的生长时期对除草剂敏感性不一样，在施用除草剂时要根据田间杂草种类来确定用药量。选择适宜的施药时期及施药量，一般在杂草2～4叶期用药效果最好。此外，高温干旱季节也应避免施药。在配制除草剂时，要先将药物溶解，再倒入药液中，搅拌均匀后再加入清水，这样才能提高除草剂的药效和防治效果。使用优质的喷药器械。选择性能优良的喷雾机械、喷头类型，防止或减轻除草剂用药的飘移药害，做到不重喷、不漏喷。

3. 除草剂药害解救措施

（1）施用除草剂过量，尽早喷清水冲洗受害农作物叶片3～5次，对遇碱性物质易分解的除草剂，可用0.2%的生石灰或0.2%的碳酸钠清水稀释液喷洗，减少叶面药剂残留量。

（2）结合浇水，增施有机肥，促进根系发育和再生，恢复受害农作物的生理机能，缓解药害；加强中耕松土，增强土壤的透气性，提高地温，增强根系对养分和水分的吸收能力，使植株尽快恢复生长发育，降低药害损失。

（3）喷施叶面肥。药害出现后，要及时喷施叶面肥，一般5～7d喷1次，连喷2～3次，可选用1%～2%的尿素溶液、0.3%的磷酸二氢钾溶液等喷施。

（4）喷施植物生长调节剂。农作物受到内吸传导型除草剂药害及前茬农作物除草剂残留药害时，可在苗期喷洒植物生长调节剂，如芸苔素内酯、赤霉素、吲哚乙酸、复硝酚钠等，刺激受害植株恢复生长。

REFERENCES 参考文献

常浩,李文学,徐志鹏,等,2022.甘肃省玉米鞘腐病病原菌鉴定及生物学特性观察[J].玉米科学,30(2):168-175.

董金皋,2015.农业植物病理学[M].3版.北京:中国农业出版社.

洪晓月,丁锦华,2007.农业昆虫学[M].2版.北京:中国农业出版社.

霍建强,2024.青海省藜麦产业发展现状与思考[J].中国种业(8):10-13.

康乐,1984.甜菜筒喙象初步观察[J].昆虫知识(2):63-65.

李良斌,郎增兰,2021.藜麦主要病虫害及防治技术[J].农业科技与信息(11):42-43.

李秋荣,李富刚,魏有海,等,2019.青海高原干旱地区藜麦害虫与天敌名录及5种害虫记述[J].植物保护,45(1):190-198.

刘文华,童朝阳,张艳霞,等,2024.青稞穗腐病传播介体穗螨的可培养共生细菌多样性研究[J/OL].植物病理学报.https://doi.org/10.13926/j.cnki.apps.001650.

吕燕,张晓梅,李雪莲,等,2022.青海地区萝卜黑心病病原[J].菌物学报,41(11):1845-1857.

苗增建,何苏琴,张晓梅,等,2018.西宁市萝卜黑心病的病原[J].菌物学报,37(4):444-455.

青海省地下害虫考察组,1985.青海省地下害虫考察报告[J].青海农林科技:11-18.

谭梅,2024.护航"柴杞"质量安全 擦亮"金字招牌"[N].青海日报,2024-08-14(8).

滕长才,刘玉皎,2022.青海省蚕豆未来产业发展探讨[J].青海农林科技(2):50-52.

王昶,李敏权,杨发荣,等,2023.甘肃藜麦霜霉病调查及其病原菌鉴定[J].核农学报,37(3):503-512.

王磊,2022.青海省樱桃叶斑病杨柳炭疽菌的发生动态、品种抗病性及室内防治药剂筛选[D].西宁:青海大学.

王梧嵋,2022.青稞常见病害及大麦条锈菌研究进展[J].现代农机(2):117-118.

魏有海,郭青云,郭良芝,等,2013.青海保护性耕作农田杂草群落组成及生物多样性[J].干旱地区农业研究,31(1):220-225.

仵均祥,2016.农业昆虫学 北方本[M].3版.北京:中国农业出版社.

徐汉虹,2007.植物化学保护学[M].4版.北京:中国农业出版社.

徐婧,董怀玉,王丽娟,2023.北方玉米产区玉米鞘腐病菌鉴定及其所产毒素测定[J].植物保护学报,50(4):1105-1106.

杨超,2023.浅析青海省玉米生产现状、问题及对策[J].青海农技推广(1):12-13.

张桂芬,张金良,万方浩,等,2017.甜菜筒喙象 Lixus subtilis Boheman 在藜麦上大暴发[J].植物保护,43(2):202-207.

张建平,仪海亮,李晴,等,2021.蔬菜病虫害图谱与防治百科[M].吉林:吉林科学技术出版社.

张建平,仪海亮,卫少英,等,2022.果树病虫害图谱与防治百科[M].吉林:吉林科学技术出版社.

张金良,梅丽,张桂芬,等,2017.藜麦甜菜筒喙象发生规律与防治技术[J].农业工程,7(2):133-135.

张玉聚,杨共强,苏旺苍,等,2023.中国植保图鉴[M].北京:中国农业出版社.

赵胜园,2018.宽颈夜蛾在渤海地区的迁飞行为研究[D].北京:中国农业科学院:39-41.

郑建秋,2004.现代蔬菜病虫鉴别与防治手册[M].北京:中国农业出版社.

中国农业科学院植物保护研究所,中国植物保护学会,2015.中国农作物病虫害[M].3版.北京:中国农业出版社.

Dingle H, Drake V A, 2007. What Is Migration[J]. Bioscience, 57(2):113-121.

图书在版编目（CIP）数据

青海省农作物主要病虫草害识别与防控 / 青海省
农业技术推广总站组编；徐淑华主编. -- 北京：中国农
业出版社，2025.6. -- ISBN 978-7-109-33134-1

Ⅰ. S435；S45

中国国家版本馆CIP数据核字第20251AL113号

中国农业出版社出版

地址：北京市朝阳区麦子店街18号楼

邮编：100125

责任编辑：阎莎莎

版式设计：王　晨　　责任校对：吴丽婷　　责任印制：王　宏

印刷：北京缤索印刷有限公司

版次：2025年6月第1版

印次：2025年6月北京第1次印刷

发行：新华书店北京发行所

开本：889mm×1194mm　1/16

印张：12.5

字数：385千字

定价：198.00元

版权所有·侵权必究

凡购买本社图书，如有印装质量问题，我社负责调换。

服务电话：010 - 59195115　010 - 59194918